地球
物理勘查技术及应用研究

提云生 著

江西科学技术出版社

图书在版编目（CIP）数据

地球物理勘查技术及应用研究 / 提云生著. -- 南昌：江西科学技术出版社，2019.9
　　ISBN 978-7-5390-6964-7

Ⅰ．①地… Ⅱ．①提… Ⅲ．①地球物理勘探－研究
Ⅳ．①P631

中国版本图书馆CIP数据核字(2019)第190962号

国际互联网（Internet）地址：
http://www.jxkjcbs.com
选题序号：ZK2019207
图书代码：B19196-101

地球物理勘查技术及应用研究　　　　提云生　著

出版发行	江西科学技术出版社
社址	南昌市蓼洲街2号附1号
	邮编：330009　电话：(0791)86624275　86610326(传真)
印刷	济南大地图文快印有限公司
经销	各地新华书店
开本	710mm×1000mm 1/16
字数	115千字
印张	7.5
版次	2019年9月第1版　2019年9月第1次印刷
书号	ISBN 978-7-5390-6964-7
定价	30.00元

赣版权登字-03-2019-271
版权所有，侵权必究
如发现图书质量问题，可联系调换。服务电话：0531-87127889

前　言

　　社会文明的发展依赖于资源勘探、开发和利用的水平。进入20世纪以后，人类对能源和矿物的需求与日俱增，勘探与开发的规模也随之越来越大，那些在地表上容易找到的资源多数已经被发现和开采，依据岩石露头或其他暴露形式为线索寻找矿产资源的传统方法已经不能满足人们对矿产资源开发的需要了。矿产资源涉及人类生存的方方面面，尤其是在能源和材料领域，是人类生存的必要物质条件。以石油为例，石油作为一种不可替代的能源矿产，仅2013年一年，中国石油消耗量就高达4.98亿吨。随着经济的发展，人类对于矿产资源的需求量已达到惊人的程度。然而，矿场资源是一种不可再生资源，矿产资源探明的剩余储量正在与日俱减。人类在致力于提高矿产资源利用效率的同时，也在借助地球物理勘探方法努力寻找新的矿产资源分布。

　　人类需要探求新的方法，能够从地面观测到反映地下物质的信息，从而在深部找到矿体。随着近地表大型浅层矿物资源的开采殆尽，为了发现新的矿产资源分布，要求地球物理勘探的深度提高，同时也要求地球物理勘探的精度提高。只有在深入而详细了解矿产资源分布的基础上，才能合理地规划开采方案，才能对矿产资源的开采成本进行估算。随着物理学的进展和观测技术的进步，一个地质学与物理学的边缘学科——地球物理学逐渐形成。

　　地球物理学是通过观测地下探测对象与周围介质物理性质的差异所引起的物理场变化，来研究探测对象的形态和性质。现在已经利用的物理性质包括密度、磁性、电性、弹性、热性和放射性等。根据所利用的岩石物理性质的不同，已经形成了重力勘探、磁法勘探、电法勘探、地震勘探、地热勘探、放射性勘探等。按照工作空间位置不同，有时地球物理勘探又划分为地面、海洋、航空和钻井地球物理勘探等。

目 录

第一章 地球物理学 ... 1
- 第一节 地球科学与地球物理学 ... 1
- 第二节 地球物理场 ... 4
- 第三节 采矿地球物理的任务及前景 ... 11

第二章 深部铁矿勘探的地球物理找矿模式 ... 15
- 第一节 深部找矿的地质基础——区域地质背景研究 ... 15
- 第二节 深部铁矿勘探最重要的地球物理方法——磁法勘探 ... 18
- 第三节 深部铁矿勘探的重要手段——电法勘探 ... 26
- 第四节 勘探深部铁矿的保障——综合地球物理勘探 ... 27
- 第五节 验证找矿模式可行性的最好方法——钻探 ... 29

第三章 矿山开采诱发震动及其机理 ... 31
- 第一节 矿山震动的特点 ... 31
- 第二节 矿山震动对环境的影响 ... 32
- 第三节 煤岩体破断运动与矿震 ... 35
- 第四节 矿山震动位移场及其矿震类型 ... 39
- 第五节 矿震震动波频谱特征 ... 43

第四章 矿震振动波传播衰减规律 ... 46
- 第一节 震动实验测试系统 ... 46
- 第二节 冲击震动波能量的衰减特征 ... 46
- 第三节 震动波传播的衰减规律 ... 47
- 第四节 震动波传播速度与应力的关系 ... 51

第五章 河南省某铁矿深部找矿地球物理勘探模式 ... 53
- 第一节 区域地质背景分析 ... 53
- 第二节 河南省某铁矿区高精度磁法勘探 ... 58
- 第三节 磁法数据处理 ... 66
- 第四节 河南省某铁矿区可控源音频大地电磁法勘探 ... 70

第五节　河南省某铁矿区综合地球物理勘探数据解释..............73
第六章　九瑞、铜陵集矿区综合地球物理研究..............76
　　第一节　区域地质概况及成矿规律..............76
　　第二节　九瑞、铜陵集矿区地球物理探测与噪声研究..............86
　　第三节　岩石物性与地球物理场特征分析..............104
参考文献..............110

第一章 地球物理学

第一节 地球科学与地球物理学

地球是宇宙中正在运动和演变的一颗星体，它独特的圈层结构和地表环境成为人类赖以生存和发展的唯一家园。因此，了解和研究地球历来是人类的共同愿望。在六大基础自然科学（数、理、化、天、地、生）之中，地学是不可缺少的重要学科。

地球科学以整体的地球作为研究对象，包括自地心至地球外层空间十分广阔的范围，是由固体地圈、大气圈、水圈和生物圈（包括人类本身）组成的一个开放的复杂巨系统，称为地球系统。地球系统内部存在不同圈层（子系统）之间的相互作用，物理、化学和生物三大基本过程之间的相互作用，以及人与地球系统之间的相互作用。因此，地球科学是一个庞大的超级学科体系群，根据实际研究的不同圈层范围、内容特色和服务目的，传统上划分出众多的一级和二级学科分类体系（表1-1）。

表 1-1 的第一列中，大气科学研究大气圈的组成结构和气候过程；海洋科学研究水圈海洋部分的物理、化学、生物现象的运动过程；地理科学研究地球表层的地理环境；地质科学研究地球的物质成分、内部结构、外部特征、各圈层间的相互作用和演变历史。其中，后两者都涉及地球的物理、化学、生物作用过程和不同圈层之间的相互关系，具有更高的综合性。第二列反映地学与其他基础科学之间的交叉渗透关系。第三列列出了为人类直接服务的地球科学分支学科。应当说明，不同列中列出的科学内容是相关或重叠包容的。

表 1-1 地球科学的学科分类体系

按圈层范围		按学科交叉		按服务目的
大气科学	大气物理学 气象学 天气动力学 ……	地球物理学	固体地球物理学 地磁与高空物理学 地震学 ……	环境地学 经济地学 工程地学
海洋科学	物理海洋学 生物海洋学 环境海洋学 ……	地球化学	元素地球化学 同位素地球化学 生物地球化学	水文地学 遥感地学 航空科学
地理科学	自然地理学 经济地理学 人文地理学 区域地理学 ……	地生物学	生态学 生物地理学 古生物学 ……	城市地学 农业地学 旅游地学 军事地学
地质科学	地球物质成分学 动力地质学 历史地质学 区域地质学 ……	天文地学 数学地学	天文地球动力学 行星地理学 天文地质学 …… 数学地质 数字地球 ……	火山学 天气预报 地震预报 灾害学 ……

地球物理学（geophysics）是以地球为研究对象的一门应用物理学。它是天文学、物理学与地质学之间的边缘科学，和地质学、地理学、地球化学一样在地球科学中占有重要地位。

地球物理学的研究范围甚广，包括从地球最深部的地核到大气圈的边界。它由地震学（seismology）、地磁学（geomagnetism）、地电学（geoelectricity）、重力学（gravity）、地热学（geothermics）、大地测量学（geodesy）、大地构造物理学（tectonophysics）、地球动力学（geodynamics）等基础科学组成。地球物理学用物理学的原理和方法研究地球的形状、内部构造、物质组成及其运动规律，探讨地球起源、形成以及演化过程，为维护生态环境、预测和减轻地球自然灾害、勘探与开发能源和资源做出贡献。

按照研究的对象——地球的大气圈、水圈和岩石圈，可把地球物理学分为大气物理学、流体物理学（或称海洋物理学）与固体地球物理学。习惯上，人们常说的地球物理学是指固体地球物理学，即狭义地球物理学。按照应用范围，狭义地球物理学又可分为几类：研究宏观现象和基本理论的叫作理论地球物理学（theoretical geophysics）或"纯"地球物理学（pure geophysics）；利用由此产生的方法来勘探有用矿藏的叫作勘探地球物理学（exploration geophysics）或应用地球物理学（applied geophysics）；研究岩层运动以及煤岩动力现象的则称为采矿地球物理学（mining geophysics）（Parasnis，1984；Gibowicz et al.，1994）。本书所涉及的内容均属于固体地球物理学的范围。

人类观察和研究地球物理现象已经有几千年的历史，早在公元前1177年的商朝，我国就有关于地震的记载。实际上，现代物理学是从研究地球物理问题开始的。例如，牛顿（Newton）通过研究地球和月球的运动发现了万有引力定律，克莱罗（Clairaut）研究地球的形状，拉普拉斯（Laplace）研究地球的起源，高斯（Gauss）研究地球磁场，开尔文（Kelvin）研究地球的弹性、热传导和许多其他地球物理问题。18—19世纪，地球物理学成为物理学中的一门重要分支。到了20世纪初，它就自成体系。科学的发展是由生产的需要所决定的，进入20世纪30年代，地球物理学方法成功地应用于矿产资源勘探中，并得以迅猛发展。最近形成的采矿地球物理学，发展更是迅速，同时地球内部的研究也取得稳步前进。现在，地球物理学已经成为国内外研究进展十分迅速的学科之一。

地球物理学发展的总趋势有两种：一是多学科的综合，二是科学的国际合作。从20世纪50年代末期起，在各国地球物理学家的倡导和努力下，制定了一系列国际性研究计划。他们先后组织了4次多学科的国际性大协作。第一个国际协作计划是1957—1958年的地球物理年。20世纪60年代初，近

50个国家参加了上地幔计划，主要研究内容包括：全球性的地壳断裂系统；大陆边缘地带及岛弧的构造；地幔的物质组成及地球化学过程；地壳及地幔的结构及其横向不均匀性。这个计划延续了10年，于1970年结束，其最重要的成果就是建立了"板块大地构造假说"。这个假说的出现是地学发展史上的一个里程碑，其重要性及影响可与近代科学的任何重大发现相媲美。20世纪70年代以后，国际上围绕着地球动力学、岩石圈结构等问题开展了系列的多学科综合研究。1974—1979年，国际地球动力学计划作为上地幔计划的延续，主要解决板块构造假说所遗留下来的问题，特别是板块运动的驱动力问题。国际岩石圈计划（1980—2000年）也正在实施中，这个计划的四个研究领域是：全球变化的地球科学；现代动力学和深部作用过程；大陆岩石圈（层）；大洋岩石圈（层）。

地球物理学的研究方向，从总体上说，不是朝着对个别事件和单学科的观测与研究发展，而是朝着全球性多学科的综合探测与研究发展。这是因为各国学者一般只能在本国进行观测与研究，各国间的资料往往不能相互利用，这就需要开展广泛的国际合作。另外，人类认识自然现象是不受国界限制的，联合行动也就成为必然。国际按照统一规划和统一的工作方法来进行工作，使研究成果成为人类的公共财富。正是这些国际合作大大推动了地球物理学的发展。

第二节 地球物理场

一、地球的演化

地球从诞生到今天已有46亿年。在这样一个漫长的历史时期内，地球有其自身的演化过程。

原始的地球被一层浓厚的气体（主要是氢、氦）包围着。由于陨石物质的冲击、放射性物质的衰变生热及原始地球的重力收缩，地球的温度升高，加上来自太阳的辐射能量，气体分子的动力增大，地球的引力不足以吸引它们。因此，这些质轻的气体分子很快地逃离地球的引力场，散逸到宇宙空间去了。所以地球的幼年时代，它的表面是光秃秃的，没有山脉也没有海洋，这个时期持续了约十亿年。地质学家把地球的这次脱气称为第一次脱气。

由于地球温度升高，致使物质发生熔化，熔化后的物质呈液态，易于对流。在地球重力的作用下，密度大的铁镍物质下沉形成地核，密度小的硅酸盐物质上升成为地表。早期形成的放射性元素，使得地球内部的温度越来越高，靠近地核的固态物质熔化为液体，这样地球就有了一个液态核。因为硅酸盐的熔点高于铁镍的熔点，而硅酸盐的密度又低于铁镍的密度，所以当地球内部的温度足以使铁镍熔化时，硅酸盐仍为固体，它们浮到液态核的上面形成地幔。随后，地幔和地壳分化，以镁铁为主的硅酸盐构成地幔，以铝铁为主的硅酸盐构成地壳。

当地幔获得足够的热量后，开始发生对流。初始的海底扩张使散热作用加速，地幔固结了，但外核仍为液态。外核的对流是产生现今地球磁场的原因。

地球内部的气体在高温高压的作用下被挤压到上层有空隙或是密度小的地方，从地壳的裂隙处喷出，这就是地球的二次脱气。在距今 30 亿年前，地球上出现了大规模的火山喷发，大量气体随火山岩浆喷出地面，从而形成了大气圈和水圈。

原始大气圈的成分与现代大气圈不同，其主要成分是水蒸气与具有强还原性的化合物（如氢、甲烷和氨）。在大气圈的上部，太阳紫外线的辐射使水分解成氧和氢，氢逸散到太空中，氧常用于氧化地面岩石或与其他气体结合。氨分解成氮和氢，其中氢逸散。甲烷分解成碳和氢，碳与氧结合成二氧化碳，大多数二氧化碳溶于海水或结合到植物与动物的组织中。

大气圈上部水蒸气的分解所产生的氧不足以形成今天的富氧大气圈，现在的富氧大气圈是由植物的光合作用造成的。植物的光合作用发生在约 20 亿年前，到前寒武纪末期（约 6 亿年前），氧的含量为今天的 1／100；到志留纪末期，氧的含量达到今天的 1／10。

水圈也有它自己的形成和演化过程。早期的海水是大气圈中水蒸气的凝结物，因此原始的水圈基本上是淡水。但是，由于大气圈中富含二氧化碳，使海水具有较大的酸性。从原始的淡海水变成今天的咸海水，有一个逐渐的咸化过程。

二、地震

地震是地球内部具有能量的最直接的证据。地球内部能量于瞬间释放时引起地球快速颤动，从而引发大小不等、形式多样的地震活动。按照震源深度 h 的不同，可以将地震分为浅源地震（$h<70km$）、中源地震（$70km<h<300km$）和深源地震（$h>300km$）。破坏性巨大的浅源地震往往发生于板块内部，特别是发生在陆壳板块的内部，被认为是各种断层突发性活动的产物。中国境内发生的地震多数属于浅源地震。而中源地震和深源地震多被认为主要与板块作用过程有关，尤其是与板块边缘的俯冲、碰撞过程密不可分。

岩石圈板块的运动有两种类型：一种是陆—陆碰撞，即碰撞发生于两个大陆板块之间；另一种是洋—陆俯冲，即在大陆板块和大洋板块之间进行的运动。在陆—陆碰撞的情况下，地震主要沿着碰撞板块的接合带边缘分布，发生于碰撞形成的断层带内。由此引发的地震多数为浅源地震，也有少量的中源地震。在洋—陆俯冲的情况下，洋壳板块沿着海沟带往大陆板块下部俯冲，并一直下插到地幔深度。在俯冲板块的不同部位，应力分布的状态是不相同的：俯冲板块的后缘处于相对拉张的构造环境，中、前部受到强烈的挤压。在这种情况下，全部三种震源深度的地震都有可能发生。

此外，无论是陆—陆碰撞还是洋—陆俯冲，在陆壳板块的内部都会因为构造应力的局部集中而产生板内地震，这类地震多为浅源型。

由断层活动诱发地震的具体过程可以用断层的弹性回跳模型来解释。20世纪初，Reid（1911）提出：

（1）引起构造地震的岩石破裂是由于周围地壳的相对位移产生了大于岩石强度的弹性应变的结果。

（2）断层的相对位移一般是在一个比较长的时期内逐渐达到其最大值的。

（3）地震时发生的唯一物质运动是破裂面两边的物质向没有弹性应变的地方突然发生弹性回跳。这种移动随着离破裂面的距离增大而逐渐变小，延伸距离可以达到几千米到十几千米。

（4）地震引起的振动源位于断层破裂面。破裂的初始表面很小，但一旦断层发生滑动，破裂面将迅速变得很大。

（5）地震时释放的能量在岩石破裂前是以弹性应变能的形式储存在岩石中的。

总之，由于断层在孕育过程中积累了大量能量，一旦断层发生整体断裂和滑移，被积累的能量就会因为断层的运动和变形而迅速释放，从而导致地震。但后来的研究发现，地震并非在整个断层的所有段落上都是同时发生的。因此，有人提出了断层闭锁段（the locked section）的概念，认为在断层内部往往存在着一到多处闭锁段，它（们）在断层开始做整体变形和运移时，只发生剪切应变而不发生宏观滑移，即处于闭锁状态。

地震的弹性回跳假说：

（1）地层受到剪切作用而开始剪切变形。

（2）除闭锁段（虚线椭圆围限部分）外，断层其他部分均发生显著滑移。

（3）断层闭锁段被彻底剪断而发生瞬时滑移，地震因断层闭锁段的弹性回跳而产生，闭锁段也随之消失。

断层闭锁段大致上呈一椭圆形区域，其范围随着断层的活动演化而变化。在开始阶段，由于断层在整体上还没有发生宏观滑移，断层闭锁段的范围也不明显。此后，随着断层整体滑移量的增加，断层闭锁段的椭圆形区域也随之增大。但当断层内剪切应力的积聚超过闭锁段的强度极限后，断层闭锁段即因其自身发生了宏观尺度的快速滑移而消失。由于除断层闭锁段外的其他部位在断层运动的全过程中都是大致做相对均匀的滑移的，故在这些段落，剪切应力也随着断层的滑移而做相对匀速的释放。这样就难以在短期内积聚起大量的应力而导致骤发性地震。但是在断层活动的多数时间内，闭锁段并不随同滑移，因此其剪切应变和应力的增长就显著地高于断层的其他部位。而一旦闭锁段被剪断，它又势必于瞬间产生突然的位置回跳，以调整与断层其他部分的空间关系，并因此快速地释放出其积累的弹性应变能。这样，以断层闭锁段为中心的地震就成为必然。

按照这种修正的断层回跳假说，研究得最详细的例子是北美圣安德列斯断层。距今 150×10^6 年以来，圣安德列斯断层在整体上一直保持左行剪切的趋势。断层两盘在这期间已相对滑移了约 560km，具有大约每年 5cm 的平均滑移速率。关于断层活动的记录表明，只是在 1906 年弗兰西斯科地震和 1994 年加利福尼亚地震等几次强震期间，断层闭锁段有明显加强的活动迹象外，在其间的 80 年左右的时间内，两个断层闭锁段并未随着断层的整体滑移而活动，这成为上述修正模式的有力证据。

对地震而言，著名的 Gutenberg Richter 公式和大森公式都揭示出在地震频度与震级等参量之间存在着统计分形分布的规律（Gutenberg et al.，1944），因此地震还可能是一种自组织临界现象。Bak 等也进一步指出，大小地震产生于同样的机械过程 Gutenberg Richter 定律正是地震被锁定于永久的自组织临界态的证据。这种解释为研究地震的机制和预报问题提供了新的思路和判据。但要真正做到准确地预报地震，在相当长的时期内仍将是一件任重而道远的事。

三、地磁场

固体地球是一个磁性球体，有自身的磁场。根据地磁力线的特征来看，地球外磁场类似于偶极子磁场，即无限小基本磁铁的特征。但其磁轴与地球自转轴并不重合，而是呈 11.5°的偏离。地磁极的位置也不是固定的，它逐年发生一定的变化。例如磁北极的位置，1961 年在 74.9°N，101°W，位于北格陵兰附近地区，1975 年已漂移到了 76.06°N，100°W 的位置。

地磁力线分布的空间称为地磁场，磁力线的分布情况可由磁针的理想空间状态表现出来。由磁针指示的磁南、北极，为磁子午线方向，其与地理子午线之间的夹角称为磁偏角（D）。磁针在地磁赤道上呈水平状态，由此向南或向北移动时，磁针都会发生倾斜，其与水平面之间的夹角称为磁倾角（I）。磁倾角的大小随纬度增大而增加，到磁南极和磁北极时，磁针都会竖立起来。地磁场以代号 F 表示，它的强度单位为 A/m。地磁场强度是一个矢量，可以分解为水平分量 H 和垂直分量 Z。地磁场的状态则可用磁场强度 F、磁偏角 D 和磁倾角 I 这三个要素来确定。

地磁场的偶极特征也取决于磁力线从一个磁极到另一个磁极的闭合特

征。在地球表层，这一闭合结构形成了一个磁捕获系统，捕获了大气圈上层形成的带电粒子而构成一个环绕地球的宇宙射线带，称为范艾伦带。范艾伦带的影响范围可达离地面 600km 以上。由大气层上部 100～150km 处气体发光而形成的极光，就是范艾伦带中的气体分子受电磁扰动的产物。沿着范艾伦带，极光可以在不到 1s 的时间内从一个受扰动的极区于瞬间传到另一个扰动极区，因此极光的爆发在北极区和南极区几乎是同时发生的。

将地磁场比作偶极子磁场的说法中，隐含着地磁场是永久不变的这一假定。但实际上除了磁极在不断发生摆动外，从发现地磁场以来，人们还逐渐发现了磁偏角在几十到几百年的时间内，也大致沿着纬线方向平稳地向西移动，这一性质被称为地磁场的向西漂移。地磁场漂移速率可以达到约每年 0.18°，绕地球一圈大致需要 1800 年的时间。除了地磁场的这种较长期的变化外，地磁场还有时间尺度更短的昼夜变化，它取决于地球表面相对于太阳位置的昼夜变化。在一天之内，地球表面的磁极所发生的位移可达其平均位置的 100km。由于地磁场的这种昼夜变化，磁极在图上往往不是用点来表示，而是用一个圆圈来代表其所在的空间范围。

在世界范围内选择若干个地磁测站，测量该处的地磁要素数据，然后推算出世界各地的基本地磁场数据，并以此作为地磁场的正常理论值。在实际工作中，会发现某地区实测地磁场要素的数据与正常值有显著的差别，这种现象称为地磁异常。和重力异常类似，如果差值为正，称正异常；差值为负时称负异常。一般情况下，正异常多是由于地下赋存着高磁场性的矿物或岩石（如磁铁矿、镍铁矿和超基性岩类等）引起的；负异常则多由地下赋存的石油、盐矿、铜矿和花岗岩等低磁性或反磁性矿物或岩石引起。根据这种认识，利用地磁异常来寻找地下矿产和了解深部地质构造等情况的方法，称为磁法勘探。这种方法不仅可以在地面上操作，还可以利用飞机和卫星等各种不同的飞行器在高空进行。

磁暴是一种急剧的地磁场变化现象，也是一种危害性很大的灾害性自然现象。在发生磁暴时，不仅地磁场要素会发生激烈的跳跃式变化，还会使电力线受到破坏、通信线路和信号中断、变压设备发生故障、绝缘电缆被击穿等。一般认为，磁暴是由太阳活动所引起。但在发生磁暴时，感应的环形电流不仅出现在电离层中,也会出现在地球内部。在磁暴的影响下,地球内部出现的这种深部电流称为大地电流。大地电流可以被用于研究地球内部的各种相关物理特征,如岩石圈各层的导电率及地内的压力和温度等。

四、密度重力场

地球是一个椭球体。根据大地测量的结果,地球的赤道半径为6378km,极向半径为6357km,扁率为1/298.3,平均半径6371km,体积为$1.083×10^{21}m^3$。

地球的质量可以根据万有引力定律及牛顿第二定律求得。牛顿第二定律指出,物体的重力加速度与作用于物体的力 F 成正比,与其质量 m 成反比,则为

$$a=F/m$$

就自由落体来说,a 是由于重力 g 而产生的重力加速度,从而

$$F=mg$$

与万有引力定律合并得出

$$F=mg=G(mM/R^2)$$

销项并改写得出

$$M=gR^2/G$$

式中,M 代表地球的质量;g 为重力加速度(9.8m/s^2);R 为地球的平均半径;$G=6.67×10^{-11}N·m^2/kg^2$,为引力常数。据上式得出地球的质量为$5.975×10^{27}g$,除以地球体积后,所获得地球的平均密度为$5.52×10^3kg/m^3$。

地球的平均密度远高于地壳的平均密度,因此地球内部物质的密度必定比地表物质大得多。

五、温度场

火山喷发温泉以及矿井随深度而增温的现象表明地球内部储存有很大的热能,可以说地球是一个巨大的热库。但从地面向地下深处,地热增温的现

象随着深度的改变是不均匀的。地面以下按温度变化的特征可以划分为三层：

（一）外热层（变温层）

该层地温主要是受太阳光辐射热的影响，其温度随季节昼夜的变化而变化，故也称为变温层。日变化造成的影响深度较小，一般仅为1～1.5m。

（二）常温层

该层地温与当地的年平均温度大致相当，且常年基本保持不变，其深度为20～40m。一般情况下，在中纬度地区较深，在两极和赤道地区较浅；在内陆地区较深，在滨海地区较浅。

（三）增温层

在常温层以下，地下温度开始随深度增大而逐渐增加。大陆地区常温层以下至约30km深处，大致每往下30m，温度会增加1℃；大洋底到15km深处，大致每加深15m，地温增高1℃。为规范计算地下温度变化的规律，将深度每增加100m时所增高的温度称为地温梯度，其单位是℃/100m。由于地下的地质结构和组成物质不同，地温梯度在各地是有差异的。例如，在我国华北平原，当地的地温梯度一般为2～3℃/100m，在靠近郯庐大断裂的安徽庐江则为4℃/100m。

在地下更深处，由于受到压力和密度增大等因素的影响，地温的增加逐渐趋于缓慢。通过多种间接方法测算的结果表明，在地表以下100km处的温度约为1300℃；1000km处的温度约为2000℃；2900km处的温度约2700℃；地心的温度则高于3200℃，据推测最高可达到5000℃。

第三节 采矿地球物理的任务及前景

采矿地球物理学是地球物理学的分支之一，是用地球物理的方法来解决采矿现场的实际问题，如矿床的勘探问题、矿山动力现象、采矿工程问题等。

采矿地球物理学感兴趣的是与矿物的开采有关的采矿与地质问题,特别是井下的开采与地质问题。

一些特殊的采矿问题可用采矿地球物理方法来解决。例如:与大地震动相类似的矿山震动现象的研究,岩体中弹性波传播过程的研究(称为振动法,包括微震法和地音法),岩体内重力变化的研究(即重力法地电现象的研究,称为地质电法),以及热法、原子能法等。这些研究方法都需要特殊的测量仪器和理论指导。

总的来说,采矿地球物理方法有如下优点:

(1)对于打钻孔、掘巷道探测来说,观察、测量成本低。

(2)采矿中的许多现象和过程只能用采矿地球物理方法才能进行测量、记录和分析,如岩体震动、冲击矿压、煤和瓦斯突出等矿山动力现象,而采用其他测量方法则不可能做到。

(3)获得的信息量大。

(4)研究测量具有非破坏性。这对采面的安全性及巷道的稳定性等都具有重要意义。

采矿地球物理学的基本任务是保证采矿作业的安全性和矿井生产的连续性,主要解决关于开采引起的地质动力现象和瓦斯动力现象(震动、冲击矿压、突出),对煤层及周围岩层物理力学参数认识的矿山压力问题,以及关于煤层连续性的地质问题,如冲刷、侵蚀、尖灭、断层等。

一、矿山压力

采用采矿地球物理方法可连续或即刻记录采矿作业引发的振动现象,以此连续评价并在一定程度上预测研究区域的震动性及危险性,如冲击矿压煤和瓦斯突出等,并可以评价灾害防治措施的有效性。

采用采矿地球物理方法还可以提前认识岩体的结构及物理力学特性,如弹性模量泊松比等。这是矿山压力研究中最基本的参数,而其只要测量弹性波的传播速度即可获得。同时,可提前避开采掘面前方冲击矿压的危险地段和不安全地段。

对于采矿活动引发的地质动力现象的研究：

（1）地质动力现象的连续记录评价、分析和诊断，采用微震法以及地音法。

（2）提前认识潜在的危险区域，如应力升高的地点，采用振动法、地质电法、重力法和热法。

（3）评价灾害防治措施的效果，采用振动法、地音法和地质电法。

（4）岩石物理力学参数的确定，采用振动法就可以完成。

其基础是测量两种不同类型的地震波（纵波和横波）在介质中的传播速度。这种方式得到的参数称为动态参数，与实验室获得的静态参数有明显的区别。动态参数更接近于岩体的实际特性。

二、地质探测

采矿地球物理方法可以对煤层的构造区进行探测和定位，如煤层中特别容易出现的断层侵蚀、煤层分叉等。在集中化生产的今天，这对保证煤层开采的节奏性和连续性具有重大的意义。

对于提前确定工作面前方煤层的构造问题，主要采用震动法来完成。震动法可根据煤层中地震波传播的连续性、振幅的变化，或者利用煤层非连续表面（断层面、侵蚀面）出现的反射波信息等来确定工作面煤层的构造问题。还可采用其他方法（如电磁波法）对其进行研究。目前进行的雷达法研究就属于这类。另外，采用重力法也可获得一些地质方面的信息。

三、其他探测与评价

采掘面区域内水的诊断，其灾害危险性评价，主要采用地质电法。

井壁状况的评价，主要采用地质电法、振动法、重力法和雷达法。这些方法有时也用来确定支架后方的空洞。

放炮作业等振动效果的评价，以及震动对井下和地表建筑物影响的评价，可采用地震几何法。

四、采矿地球物理的前景

前面介绍了采矿地球物理方法在解决地质、采矿技术、采矿安全技术等问题时的多样性和有效性，以及解决这些问题的先进性和优越性，表明采矿地球物理方法在解决采矿生产安全技术问题方面具有巨大潜力。

采矿地球物理学中所采用的方法，如微震法、地音法等，观测记录的信息多，分析处理的信息量也大。而电子计算机的飞速发展，正好促进了地球物理方法的大力发展。高速、大容量计算机的应用，不仅可以大量存储数据，进行信号的转换和数据的传输，而且可以进行复杂的分析和处理，对处理后的信息及时反馈，用来指导实践，并且以此为基础可建立一些新的地球物理模型，进一步解决一些采矿、地质、安全等方面的复杂问题。可以预计，21世纪采矿中应用的测量、观测方法主要将是地球物理方法。

第二章 深部铁矿勘探的地球物理找矿模式

第一节 深部找矿的地质基础——区域地质背景研究

地质背景是影响矿床形成的地质环境及有关事物,它既包括当时环境情况,也可包括该地区的过去经历,以显示成矿作用的复杂性和长期历史。区域地质背景研究主要是研究该区域内的地层、构造、岩石类型、矿体特征、地球化学特征、地球物理特征等。它是进行下一步地质工作的地质基础,也是深部找矿的地质基础。在区域地质背景研究中,其中的地球物理特性研究是展开地球物理工作的依据,也是选择地球物理勘探方法的基础。

地球物理学是通过观测地下矿体与围岩之间物理特性差异所引起的异常来研究地下矿体的形态和性质的。而矿体的物理特性又与其区域地质背景密切相关,尤其是与成矿地质背景密切相关。因此,在开展地球物理勘探深部矿之前,研究区域地质背景是必须做的工作之一。以下按照铁矿类型介绍几个开展深部找矿之前的区域背景分析案例。

一、火山岩型铁矿区域地质背景研究

火山岩型铁矿成矿作用的全过程与火山活动、火山作用全过程相关联。其矿床的形成是火山活动过程中不同时期、不同阶段的产物;矿床在空间上的定位与产出是以某一火山机构为中心,成群、配套出现。一般的火山岩型铁矿的构造都与背斜和断裂等岩浆活动的场所有关,断裂交会处往往控制岩浆喷发中心和大中型铁矿的分布。岩浆岩中以火山岩、侵入岩为主。矿床往往呈现带状展布,矿床定位受火山中心、断裂和交汇处岩体凹凸部位等构造

控制。大中型矿床一般会有明显的蚀变带；大中型矿床一般都有明显的磁、重高同现，正负异常明显。磁铁矿为铁矿石的最重要矿石类型，重磁异常是重要的地球物理找矿标志。因此，应用重力勘探、磁法勘探是查找此类型铁矿的重要方法。

长江中下游成矿带是我国东部著名的内生多金属铁铜成矿带，以岩浆接触交代"矽卡岩型铜矿"和火山岩型"玢岩铁矿"为特征。安徽罗河大型铁矿坐落在庐枞地区，位于武钢和马钢两大钢铁基地之间。矿区岩性和构造比较简单，出露的地层是一套多次喷发的火山岩系，其下为火山岩侵入体——闪长玢岩，铁矿便赋存在闪长玢岩之中。地表大部分为第四纪覆盖，没有矿化迹象。安徽地质局物探队（1979）研究了该区的区域地质背景，认为该区有较好的成矿地质前提，同时分析了当地岩矿石的地球物理特征，认为该矿区主要的铁矿为磁铁矿，其磁性较强。磁性火山岩及中基性侵入岩体也具有较强的磁性，但铁矿和中基性岩体的密度比其围岩高，而磁性火山岩的密度不高。当矿体具一定规模，而埋深不特别大时，可以利用高精度重力和磁法来评价磁异常，有可能区分矿致磁异常与非矿磁异常。物探队同时测定了以往钻井的大量岩芯的磁性和密度，发现只有磁铁矿及近矿的磁铁矿化岩石具有强磁性，其他岩石无磁性或弱磁性，证实了磁异常主要是由磁铁矿引起的。而引起重力异常的主要是磁铁矿、黄铁矿，近矿围岩的矿化蚀变比较强烈，密度增大，也形成了比较厚的高密度层。通过上述分析，选定了1∶1万比例尺的重力、磁法详查工作，以详细圈定重力、磁法异常。

内蒙古好力宝铜铁矿区域内地表的70%以上面积为第四系风成黄土，草原植被发育，只在矿区西南部有小型石英斑岩侵入体出露。贾长顺等（2007）认为岩体与地层接触带部位是形成矽卡岩型矿化的有利部位，且该区域内沿接触带靠近二叠纪地层的部位发育有一中等强度的磁异常。但磁异常本身有精度低和异常范围大的不足，决定了磁异常只能圈定区域尺度上的找矿靶区，而难以进行矿体精确定位预测。通过分析矿区的地层、构造、岩浆岩分布特征等，重点关注矿化类型、蚀变、矿化带在地下的规模及地下水文条件等。通过对地质背景及以往磁测数据的分析，选择了EH4连续电导率剖面测量、可控源音频大地电磁法、激发极化法等电法勘探，确定已知和待定含矿构造在深度50~2000m范围内的产状及规模。

依阡巴达铁矿位于新疆与青海交界处，青藏高原西部东昆仑祁漫塔格地区。姚卫星等（2012）通过分析该地区的地质背景资料，得到该区内磁铁矿产于钾长花岗岩与围岩接触带矽卡岩中的结论。详细分析了该区域内的岩石密度、磁性和电性参数，认为：磁铁矿、磁铁矿化矽卡岩等具强磁性、高密度、高极化率等特征，与矽卡岩、花岗岩、斜长片麻岩和斜长片岩等其他主要岩性存在着较大物性差异；斜长片岩、斜长片麻岩等具较高密度特征，该类岩石的分布形成局部重力高异常。因此，选定重力勘探、磁法勘探和激电勘探等地球物理方法综合勘探，重视"重磁双高"、低电阻率的异常。

综上所述，火山岩型铁矿一般位于地层中接触带附近，在铁矿周围的围岩有可能也有磁性强的物理特征，这样仅通过磁法勘探很难找到真正的矿体异常，还需要借助探测其他物理特性差异的重力勘探、电法勘探等地球物理方法，得以圈定找矿靶区。

二、沉积变质型铁矿区域地质背景研究

沉积变质型铁矿也是我国铁矿资源的主要来源。这种类型的铁矿一般局限于（古）大陆板块和（古）大洋板块的接合带或陆间裂陷带发育的部位。深大断裂常常控制着主要构造单元的边界，并在控矿方面起着重要作用。矿石矿物主要有赤铁矿、菱铁矿、镜铁矿、磁铁矿、黄铁矿等。铁矿或与火山—沉积围岩同生沉积，或者是火山气液在有利的构造部位和岩性条件下充填交代形成的。该类矿床伴生组分较多。该类矿床通常有较高的重、磁异常。物探方法中重、磁方法最为有效。尽管有些火山岩具有弱磁性，但与磁铁矿相比仍有差异。国内外好多沉积变质型铁矿是利用磁法找到的。例如，1959年航空磁测发现了云南大红山铁铜矿区超过500 nT磁异常的异常范围达300km^2，异常区出露变质火山岩，当时推断是由中酸性侵入体引起的，实际却是一个大型铁矿。

郭武林（1986）在研究河北省东部某铁矿时，详细分析了矿区的区域地质背景和岩矿石的物理特性，发现该矿区的赋矿地层为单塔子群白庙子组，变质岩相属于绿片—角闪岩相，围岩以斜长角闪岩为主，矿石为磁铁

石英岩。根据岩矿石的磁性参数统计，发现围岩比矿体的磁化强度要低1~2个级次，因此围岩对于磁异常推断解释的影响可以忽略不计。矿石中的磁性与其中的磁铁矿含量、氧化程度及其所受到的变质作用等因素有关，因此各个矿区的相同矿石的磁性参数值会有一定的变化。另外，岩（矿）石有明显的电性差异，矿石的极化率比围岩高8倍以上，但矿石标本的电阻率则表现为低电阻。因此采用高精度磁测、井中激电和剖面性激电测深来进行矿致异常的圈定。

变质岩型铁矿的地球物理勘探方法也是主要根据矿区的区域地质背景、岩矿石的特性特征来确定的。

第二节 深部铁矿勘探最重要的地球物理方法
——磁法勘探

利用铁矿的物理特性，采用磁性寻找铁矿是公认的最有效、最成功的物探方法之一。据不完全统计，我国80%以上的铁矿是采用磁法勘查发现的。有关资料和航磁信息显示，我国尚有较大的铁矿找矿空间。

磁法勘探是通过观测和分析由岩石、矿石或其他探测对象磁性差异所引起的磁性异常，进而研究地质构造和矿产资源或其他探测对象分布规律的一种地球物理方法。它研究的磁异常是指磁性体产生的磁场叠加在地球磁场之上而引起的地磁场畸变；它是一个空间矢量场。磁异常的起因取决于地球磁场和岩（矿）石磁性，前者是外因，后者是内因，两者是磁法勘探的物理基础。用高精度磁力仪观测获得磁异常多参量信息是磁法勘探的一个重要环节。另外，正确的工作方式和消除各种干扰的改正方式，可以确保获得的磁异常值的可靠性，进而进行数学分析，总结出磁异常多参量场与磁性体之间的对应关系和规律，并利用这些规律对磁异常进行磁性体的埋深、形状、产状、分布范围和性质作出大致判断。

磁法勘探是发展最早、应用广泛的一种地球物理勘探方法。它轻便易行、效率高、成本低；工作领域广、不受地域限制，可广泛用于空中、海洋、地面与钻井中。磁法勘探主要用于直接找磁铁矿及其共生矿床，另外还广泛用于固体矿产、石油天然气构造的普查和不同比例尺的地质填图及深部、区域、全球构造的研究；综合其他地球物理方法应用于煤田火烧区探测、地热田远景预测、考古、探雷与深潜、核电等等。

一、地球的磁场

之所以能够利用磁法勘探寻找铁矿，是因为地球上每一点都在地磁场的范围之内，都具有一定的地磁强度。地磁场与电场一样，是一个矢量场。拿一个磁针，找到它的重心，并将其悬挂起来，并可以使它能够自由转动。任意摆放磁针，当磁针静止时，总会指向一个相同的方向，这个确定的方向就是磁针的 N 极指向，近地理北极。同时发现磁针还倾斜一定的角度：如果是在北半球，磁针 N 极会向下倾斜得比较多；在地球的其他地方，倾角随着观测点位置纬度的变化而变化。

二、岩石的磁性

地表下的部分主要由土壤与岩石组成，而矿产资源主要存在于地壳的岩层中。这些地下矿产以不同的形态存在于地下岩层之中，从它们形成时起，就受到地磁场的磁化而具有不同程度的磁性，这些磁性差异是地表磁异常的主要来源。通过地面探测这些磁异常，进而推测地下岩矿体的赋存状态是磁法勘探的主要任务。由于岩石是由各种各样的矿物组成的，岩石的磁性就与这些不同类型矿物的磁性直接有关。大量研究表明，岩石中的铁磁性矿物是岩石磁性的最主要来源。在自然界，具有铁磁性的矿物是少数的，绝大多数矿物是抗磁性和顺磁性的。虽然铁磁性矿物种类在自然界不多，但分布却很广，许多岩石或多或少都含有它。矿物的磁性与物质的磁性一样，也分为抗磁性、顺磁性和铁磁性。

常见的抗磁性矿物主要有石英、正长石、方解石、石墨、方铅矿等，常见的顺磁性矿物主要有黑云母、辉石、白云母、辉石等。自然界并不存在纯铁磁性矿物，主要存在的是铁氧体磁性矿物，如铁的氧化物和硫化物及其他金属元素的固熔体等。它们的磁性很强，对岩石磁性起着决定性的作用。常见的铁磁性矿物有磁铁矿、赤铁矿、镁铁矿、菱铁矿等。地壳中的纯磁铁矿少见，大都由不同比例的铁、钛、氧组合成复杂的固熔体。

地壳的岩石可分为沉积岩、火成岩及变质岩三大类。普遍来说，沉积岩的磁性比较弱，沉积岩中副矿物的含量及成分决定了它的磁化率的大小。火成岩的磁性较强，其中超基性岩的磁性最强，基性、中性岩较超基性岩次之；花岗岩建造的侵入岩，磁化率不高；另外，火成岩具有明显的天然剩余磁性。变质岩的磁化率和天然剩余磁化强度的变化范围很大。在具有层状结构的变质岩中，其磁性往往随其方向不同而异，表现为磁的各向异性。

岩石的磁性主要由所含磁性矿物的类型、含量、颗粒大小、结构以及温度、压力等因素决定的。岩（矿）石中因含铁磁性矿物，在成岩时受到当地磁场的磁化而获得剩余磁性。铁磁性物质即使外磁场消失后仍具有永久磁性（剩余磁性）。岩石剩余磁性的类型有热剩余磁性、沉积（或碎屑）剩余磁性、化学剩余磁性、等温剩余磁性、黏滞剩余磁性。不同类型的岩石，其剩余磁性的成因也不同。

引起磁异常的因素特别多，但最重要的是物性因素（含磁性矿物的多少、矿体的大小、矿石的贫富、岩矿石的种类）；其次是埋藏深度、矿体的赋存形态、氧化蚀变程度；还有其他如原始磁化强度、地域环境、地质构造等。大量的资料和工作经验证明，岩（矿）石磁性由强到弱排列如下：铁矿石（磁铁矿、磁黄铁矿、钛磁铁矿），火成岩（闪长玢岩、辉长岩、橄榄岩、闪长岩、玄武岩、花岗岩），变质岩（角闪片岩、黑云片麻岩），沉积岩。在实际工作中，要排除各种干扰因素，去伪存真。

三、磁法勘探的发展及工作方法

磁法勘探是物探方法中最古老的一种，也是勘探铁矿中应用最广泛的物探方法。它的发展经历了多个阶段：

（一）磁法勘探的发展

1．利用磁性罗盘直接找磁铁矿

早在 17 世纪中叶，瑞典人就掌握了用带磁性的罗盘寻找磁铁矿的技术。

2．早期磁力仪的诞生

磁法勘探正式用于生产始于 19 世纪 70 年代末。1879 年，塔伦（R. Thaln）制造了简单的磁力仪。20 世纪初，石英刃口磁力仪被发明，磁法才开始大规模用于找矿，同时也将磁法勘探应用在研究小面积范围内的地质构造。从此，磁法勘探不仅用于找磁铁矿，还用来研究地质构造、圈定岩体以及寻找与油田有关的岩丘。

3．航空磁力仪的诞生及应用

20 世纪 30 年代，感应式航空磁力仪由苏联罗加乔夫研制成功。其后，随着航空磁法的推广与使用，大面积的磁场分布得以快速而经济地观测，磁场分布规律得到较系统的分析和总结。其后，磁法开始用于研究大地构造，以及解决地质填图中的一些问题。

4．海洋磁测的诞生及其成果

20 世纪 50 年代到 60 年代，苏联和美国将质子磁力仪移装到船上，开展海洋磁测。通过研究和分析观测结果，得到的成果如下：一是复活了大陆漂移学说，发展了海底扩张和板块构造学说；二是推动了地学理论的大变革、大发展。

5．高精度磁法勘探的广泛应用

20 世纪 80 年代开始，高精度磁测开始广泛应用于油气勘探、煤田勘探、工程勘探、军事等领域。

我国磁法勘探的发展始于 20 世纪 30 年代。早在 1936 年，我国地质工作者在攀枝花、易门、水城等地就开始了试验性的磁法勘探。1939 年，顾功叙在云南易门铁矿上利用磁秤找矿；同时，李善邦、秦馨菱也将此种技术应用于在四川綦江铁矿上。1950 年后，我国才将磁法找矿大规模开展起来。1949 年后，磁法勘探得到了很大发展：20 世纪 50 年代，我国先后在山东金岭镇、辽宁鞍山本溪、湖北大冶、内蒙古白云鄂博、山东莱芜、河北邯郸邢台、四川攀西等地区开展磁法找铁矿工作，并取得较好的找矿效果。我国80%以上的铁矿是通过磁测发现的。我国航空磁测始于1954年。磁测不仅可以勘探铁矿，对勘察其他金属矿也起到非常大的作用。我国的安徽铜陵、湖北铜绿山的矽卡岩型铜矿，吉林红旗岭、甘肃白家嘴子、新疆喀拉通克的硫化铜镍矿床等的勘测过程中，磁测都起到了非常关键作用。另外，磁法勘探也在内蒙古、新疆、西藏等地铬矿，山东、辽宁等地金刚石岩管，硼矿、石棉等矿产的发现和圈定起到重要作用。

（二）磁勘探的工作方法

磁法勘探可在地面、空中、海洋、钻孔中和卫星上进行。最常用的是地面高精度磁法勘探与航空磁法勘探。在地面磁法勘探中，测区一般是比较规则的矩形，布置的测线方向一般与要研究和寻找的地质对象垂直，并且这些测线一般是平行等距的，在每条测线上按一定距离设置测点，每条测线上两个相邻测点之间的距离是固定的，在测点上使用磁力仪观测地磁场垂直分量的相对值。在航空磁法勘探和海洋磁法勘探中，观测机或观测船会在导航仪的帮助下沿预先设计好的航线行进，用航空磁力仪或海洋磁力仪自动记录总磁场强度。

航空磁测是用安装在飞机的磁力仪进行磁测。航空磁测具有快速高效、不受地貌环境限制等特点。航空磁测时，飞机一般会在距地面一定的高度进行飞行观测，地表磁性不均匀影响会得到减弱，因此其记录的数据更能反映深部区域地质构造的磁场。航磁比例尺也分为几种，由不同因素来确定到底使用哪种比例尺，选择的因素有：探测对象的规模、地质任务的目的与规模、所测区域的地球物理特征等。测线应垂直于矿带或主要构造带且飞行高度尽量低。

地面磁测是地面上设置测网，用磁力仪观测磁异常现象和分布规律。测网一般是由互相平行的等间距的测线和测线上等间距分布的测点组成。研究对象的规模、需要研究的程度和经济效益等方面因素会决定测网的形状和密度。地质普查阶段的磁法勘探主要是发现磁异常，线距最好要小于最小探测对象的长度，点距应保证有3个以上测点落在磁异常范围内；详查阶段的主要任务是研究磁异常，测网密度则要保证能够反映磁异常的形态特征细节。仪器类型、磁测精度和观测方式的选择一般会根据探测对象产生磁异常的强弱来决定。一般来讲，基点的选择是磁测工作的首要任务，因为它是全区磁异常的起算点。基点可以选择在工区内，也可在工区附近。然后再测量每个测点的总磁场强度值，有时还需要测量每个测点的垂向梯度和垂直分量、水平分量的值。每次磁测工作，需要重复观测一定比率的测点来评价磁测质量。由于观测数据中还存在其他干扰，因此需要对观测数据作必要的改正才能得到正确的异常值。主要的改正有正常场改正和日变改正，有些还需作高度改正和零点漂移改正。经改正后的异常值，常用等值线平面图和剖面图表示。

四、磁力仪工作原理

磁力仪是进行磁异常数据采集及测定岩石磁参数的仪器。自20世纪至今，磁力勘探仪器经历了由简单到复杂，由利用机械原理到利用现代电子技术的发展过程。常见的磁力仪有机械式磁力仪、光泵磁力仪、质子磁力仪、超导磁力仪等，国内广泛用于地质勘探的是质子磁力仪。反映磁力仪总体性能的技术指标主要有：灵敏度、精密度、准确度、稳定性、测程范围等。在磁法勘探工作中，通常不予区分精密度与准确度，统称为精度。由于本项目研究矿区的磁法勘探应用的是质子磁力仪，所以这里只介绍质子磁力仪的工作原理。

质子旋进磁力仪是根据含氢原子溶液中氢原子（质子）在地磁场中产生一定频率的旋进作用制成的，常见的溶液有煤油、水、酒精等。在一般情况下，这些含氢原子的物质都具有分子电子轨道磁矩和自旋磁矩，这两者成对地彼此相互抵消了；另外，除氢以外的原子核自旋磁矩也相互抵消，只有氢原子核显示出微弱的磁矩。在无外磁场作用下，溶液中氢的原子磁矩杂乱无章，任意指向，不能显现宏观的磁矩。当外磁场 T 作用于含氢溶液时，这些氢原子磁矩将各自沿着 T 的方向排列，形成一定的宏观磁矩。如图2-1所示，地磁场 T 的方向垂直于地面，在平行于地面的方向加强人工磁场 H_0，则样品中的原子磁矩不再混乱，而是按 H_0 的方向排列起来，这个过程叫做"极化"。

磁法勘探时，需要加强人工磁场一段时间，等样品中氢原子磁矩按人工场方向排列以后再切断磁场 H_0。此时，质子受地磁场的影响，受到一个 $\mu_p \times T$，它试图将质子拉回到地磁场方向。由于质子自旋的物理特性，在这个力矩的作用下，质子磁矩 μ_p 将绕着地磁场 T 的方向作旋进运动，称为质子旋进，也叫做拉莫尔旋进。

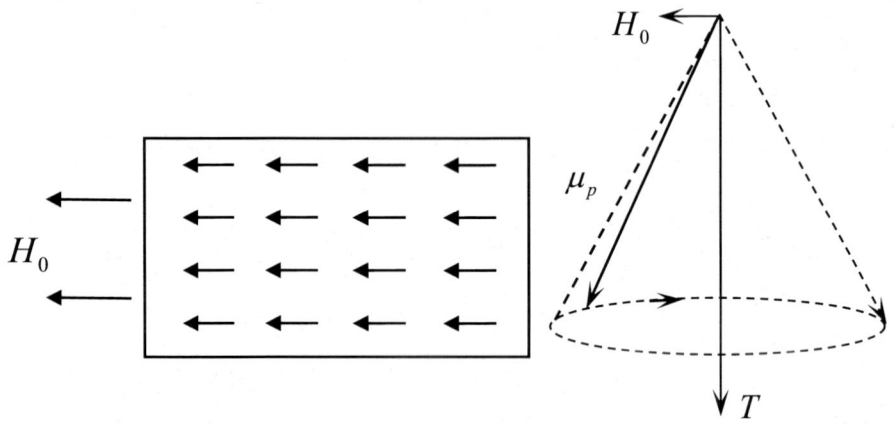

（a）样品中质子磁矩按外磁场方向排列示意　　　（b）拉莫尔旋进示意

图 2-1　质子旋进示意图

理论物理分析研究表明，氢质子旋进的角速度 ω 与地磁场 T 的大小成正比，其关系为：$\omega = \gamma_p \cdot T$。式中 γ_p 为质子的自旋磁矩与角动量之比，叫作质子磁旋比。它是一个常数，根据我国国家标准局1982年颁布的质子旋比数值是：

$$\gamma_p = (2.6751987 \pm 0.0000075) \times 10^8 T^{-1} \cdot s^{-1}$$

又因 $\omega = 2\pi f$，则有

$$\{T\}_{nT} = \frac{2\pi}{\gamma_p} \cdot \{f\}_{Hz} \approx 23.4874 \{f\}_{Hz}$$

由公式可见，质子旋进频率 f 准确测量出以后，用它乘以常数，就可得到地磁 T 的值。

质子做自由旋进运动是测定地磁场 T 量值的必要条件。测量地磁场的前提是质子磁矩极化，也就是使之偏离 T 方向一个角度。常用的极化方法是：将一圆柱形容器置于线圈之中，这个容器一般是有机玻璃的，其中装满富含氢的工作物质（如水、煤油、酒精）等。若要产生极化（磁化）磁场 H_0，需给线圈通以一段时间的电流，H_0 的方向与线圈轴线一致，大致垂直于地磁场 T 的方向。通电结束后，电流被切断，质子磁矩的旋进，将在接收线圈中产生感应电压信号，这时再利用极化线圈作为接收线圈，并调谐在旋进频率 f 上。如图 2-2 所示，通过测定感应信号的电压信号，再通过计算就可得到 T 的值。

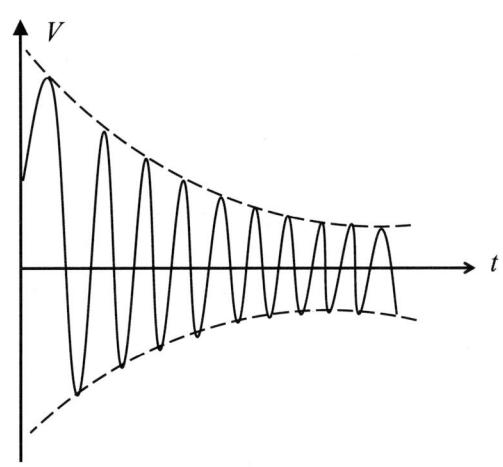

图 2-2　质子旋进信号的衰减

五、磁异常的概念与磁法勘探的主要解释任务

磁异常即"地磁异常"，又称"磁力异常"，它是在消除了各种短期磁场变化以后实测的地磁场与作为正常场的主磁场之间的差异。磁异常是地下岩、矿体或地质构造受到地磁场磁化以后，在其周围空间形成并叠加在地磁场上的次生磁场，因此它属于内源磁场。

磁法勘探是通过观测和分析由岩石、矿石（或其他探测对象）磁性差异所引起的磁异常，进而研究地质构造和矿产资源（或其他探测对象）的分布规律的一种地球物理勘探方法。磁法勘探的主要解释任务是：根据测得的异常来判断并确定引起该异常的磁性体的几何参数（位置、形状、大小、产状）及磁性参数（磁化强度大小、方向）。根据静磁场理论，运用数学工具由已知的磁性体求出磁场的分布，称为正（演）问题；由磁异常求磁性体的磁性参数和几何参数，叫作反（演）问题。要完成磁法勘探解释推断的全部解释任务，仅仅靠数学计算是不够的，还必须掌握可靠的地质、物性及其他物化探资料，进行综合分析及解释，才能得出比较符合客观实际的地质结论，为查明地下矿产资源或其他探测目标体提供依据。

第三节 深部铁矿勘探的重要手段——电法勘探

有些地区地质条件复杂，岩石物性变化大，干扰因素多，寻找埋深大的隐伏铁矿会遇到种种困难，只用磁法难以区分矿致异常与非矿磁异常，不能取得预期的效果。借助其他地球物理方法（重力、电法、测井等），是解决问题的重要方法。电法勘探是深部铁矿勘探的重要手段，尤其是可控源音频大地电磁法的探测深度大，经常用来进行铁矿的勘查。

电法勘探是根据地壳中各类岩石或矿体的电磁学性质（如导电性、导磁性、介电性）和电化学特性的差异，通过对人工或天然电场、电磁场或电化学场的空间分布规律和时间特性的观测和研究，寻找不同类型有用矿床和查明地质构造及解决地质问题的地球物理勘探方法。电法勘探的应用领域也比较广，主要用于寻找金属和非金属矿床、勘查地下水资源和能源、解决某些工程地质及深部地质问题。电法勘探的方法分类如下：

（1）按场源性质可分为人工场法（主动源法）、天然场法（被动源法）。

（2）按观测空间可分为航空电法、地面电法、地下电法。

（3）按电磁场的时间特性可分为直流电法（时间域电法）、交流电法（频率域电法）、过渡过程法（脉冲瞬变场法）。

（4）按产生异常电磁场的原因可分为传导类电法、感应类电法。

（5）按观测内容可分为纯异常场法、总合场法等。

在金属矿勘探中，常用的电法勘探方法有电阻率法、充电法、激发极化法、自然电场法、大地电磁测深法和电磁感应法等。

第四节 勘探深部铁矿的保障——综合地球物理勘探

综合地球物理勘探简称综合物探，它是针对特定的勘探对象和勘探任务，为达到最佳勘探效果，采用的地球物理方法的组合。它可以有效地降低单一地球物理勘探方法在解释方面存在的多解性问题，提高地球物理勘探解释的可靠性。

我国深部铁矿大都是利用综合地球物理方法勘探到的。深部铁矿的找矿模式并没有具体的定义与解释，但在各种深部铁矿找矿案例中已然存在着：研究当地矿床的区域地质背景，尤其要重视地球物理找矿标志，通过研究当地岩矿石的物性特征，选择地球物理方法进行勘探；对于地质情况复杂的矿床，一般采用综合地球物理方法进行勘探。

20世纪80年代，安徽省地质局物探队在1956年1∶10万比例尺的航空磁测数据中发现的罗河异常的基础上，开展了1∶5万、1∶2.5万比例尺的地磁普查找矿工作，圈出了一些局部的地磁异常，对认为有意义的异常，进行了1∶1万～1∶2000比例尺的地磁详查。根据异常进行钻孔验证，发现并不是所有异常都是铁矿引起的，有些异常是由强磁性的火山岩或强磁性、高密度的中基性基岩体引起的。后期在1∶1万面积性磁测资料的基础上，采用了包括重力、磁法、垂向电测深等综合物探方法对罗河地区进行详查。根据异常矿体源的强磁性、高密度、低电阻的特点，对数据进行综合详细分析，首钻即在468m以下见到厚层的磁铁矿、含铜黄铁矿等，为以后综合物探找火山岩型铁矿提供了参考。

国内的许多矽卡岩型接触交代型铁矿床都是通过综合物探的方法勘测到的。大冶铁矿以磁铁矿、赤铁矿、菱铁矿、黄铁矿为主。磁铁矿矿石与围岩相比，具有高磁化率、低电阻率的特征。因此在深部勘查过程中，物探方法主要以磁法为主，兼用可控源音频大地电磁测深（CSAMT）。两种方法互相补充、验证，获得了良好的找矿效果。好力宝铜铁矿是通过甚低频电磁法（VLF）

结合高精度磁测、EH4连续电导率剖面测量、可控源音频大地电磁法、激发极化等综合物探方法来确定含矿构造在深度50～2000m范围内的产状和规模的。金山店的铁矿物探勘查中首先采用高精度磁测扫面和剖面方法重新圈定磁异常，再在此基础开展了CSAMT剖面测量工作，大致圈定了接触带走势及有利控矿构造；然后根据钻孔施工情况开展井中三分量磁测，发现并圈定井旁、井底盲矿异常；利用综合物探所得数据进行联合反演和综合解释推断，揭露了深达500m以上的矿体。东昆仑祁漫塔格依阡巴达地区铁矿为矽卡岩型磁铁矿床，具有高磁性、高密度、高极化率等物性特征，采用了重力、磁测及激电等物探方法进行勘探。通过详细分析所得的勘探数据，圈定了异常，发现了多条磁铁矿体，增加了该矿区的铁矿资源量。另外，宁芜地区的"玢岩铁矿"是火山—次火山岩侵入活动有关的多类型矿床共生、复合的一种组合方式，通过高精度重磁测量、CSAMT、瞬变电磁测深（TEM）、大功率激电测深及三维反演等方法进行综合地球物理勘探，并通过钻探验证，发现了与已知矿床类似的矿体。

沉积变质铁矿也是我国铁矿资源的主要来源。许多矽质类浅色矿物与磁铁矿相间成层状结构，因此在磁场上表现为磁各向异性。计算和研究剩余磁异常，是对沉积变质型铁矿作出优良的地质推断的基础。沉积变质铁矿一般规模大，沿走向延伸也较大，仅利用高精度磁测很难得到良好的效果，一般要根据矿体所在地区的物性差异，辅助电测深、井中激电等其他地球物理方法进行综合反演，才能得到较好的找矿效果。河南省的赵案庄铁矿赋存于太古界赵案庄组，具有深变质和超变质性矿物组合特征，与围岩是同生产出关系。矿体赋存形态、构造较复杂，闪长岩破坏矿体严重，只有以加强钻探为主，同时采用高精度大比例尺磁测及激电测深，再利用坑探等多种勘探方法来揭露矿体赋存规律，才能查明地下矿体的储量。另外，余钦范等提出研究剩余磁异常应作为磁异常解释的主要手段。在进行河南省李普吾铁矿的勘查工作中，首先采用地面高精度磁法扫面验证航磁异常并圈定磁异常范围，再利用可控源音频大地电磁测深进行综合勘查，经钻探验证在430m左右发现了厚度达80m的磁铁矿。

祁连山地区的铬铁矿具有明显的重力高异常，通过重力勘探圈定了异常，并通过钻探验证找到了厚21m的致密块状铬铁矿。铬铁矿体在此地区往往引起低磁异常和负异常，但其激电异常较明显；而具有一定规模和埋深的超基性岩体，可引起正异常。综合利用重力、磁法、激电测井等物探技术，找到了满足重力高异常、低磁异常、激电异常明显的矿体。在勘探湖北大冶黄铁矿时，利用直流电法能较好地突出异常、减小体积效应的特点，采取以电法资料解释分析为主，再配以地面高精度磁法测量，从磁性上对电法所推断的异常加以界定，即由岩石的电磁特性来查明和判断矿体，基本查清了铁脉矿脉分布的大概位置和范围，为下一步铁矿开采提供了有利的地质参考资料。河北省沙窝店地区的铁矿以硫铁矿为主，矿区内铁帽发育，矿化特征明显，含矿层和黄铁矿在电性上与围岩之间存在着较明显的电性差异，采用时间域激发极化法与视电阻率法等综合物探方法寻找低电阻率、中高极化率的矿体，通过钻探验证在91m处见矿，矿体最大厚度50m，取得了较好的效果。

综合上述，在进行物探找铁矿过程中，都是利用矿体与岩体之间的物性差异，选择合适的物探方法进行勘探，以发现较好的异常。

第五节　验证找矿模式可行性的最好方法——钻探

钻探是用钻机设备从地表向地下钻进成孔，从而达到任务要求的工程施工。根据钻探的目的，钻探可分为地质钻探、水文水井钻探、工程勘察钻探、石油钻探等等。

地质钻探是为了查明矿体或地质构造，从钻孔中不同深度处取得岩心、矿样进行分析研究，从而判定地层地质情况的作业。按矿种的不同，钻探的深度为几十米到几千米不等。一般金属矿的钻探深度会达到上百米，而煤、石油、天然气的钻探深度可能达到上千米。

不管是利用什么方法找矿，只有通过钻探才能真正了解地下真实的地质情况、矿床的赋存情况，它是验证找矿方法与找矿模式可行性的最有效的手段。

综合上述，深部找铁矿的地球物理找矿模式为：区域地质背景分析是进行地球物理工作的地质基础，根据岩矿石的地球物理特性，选择相应的地球物理方法；以磁法勘探作为深部找铁矿的最重要的手段，航空磁测与地面磁测相结合，借助电法勘探等其他地球物理方法进行综合地球物理勘探，进行多物性、多参数的综合解释，对隐伏矿体进行定位和预测；利用钻探来验证地球物理方法找矿模式的可行性。

第三章 矿山开采诱发震动及其机理

第一节 矿山震动的特点

采矿诱发震动与天然地震类似，都是岩体应力释放产生的震动，不过矿震有不同特点。地震是构造应力作用下断层活动引起的大地强烈震动，震源一般较深，浅则几千米，深则几十千米甚至上百千米；而矿震则主要是人为开采矿产资源引起的开采区域及附近煤岩体的震动。

根据煤矿地质资料分析，煤矿矿震发生的主要因素有采深、褶曲、断层、煤柱等。这些因素导致矿震的发生具有其本身的力学机理，其中最为直接的是这些因素往往导致高应力以及高应力差。高应力、高应力差是导致煤岩体破坏以及失稳的直接原因。若煤岩体本身存在诸如断层、巷道表面等结构弱面，煤岩体将极易产生运动，此时的煤岩体处于极限平衡状态。这种平衡是非稳定的平衡，当遇到开采活动的扰动时，平衡将被打破，随即产生矿山震动，即为矿震。

总体而言，矿山震动具有如下特点：

（1）震动能量从 10^2J（较弱）到 10^{10}J（较强），对应里氏震级 0～4.5 级。

（2）动频率大约 0～50Hz。

（3）振动范围从弱的几百米到强的几百甚至几千千米。

从类型上讲，矿山震动是一种高能量的震动，而较弱一些的如声响、煤炮、小范围的变形卸压，则属于声发射研究的范围。

矿山微震主要是记录矿山震动活动，对其进行有目的解释，分析和利用这些记录的信息，对矿山动力危险（如冲击矿压）进行预测和预报。总的来说，震动是由于矿山开采使岩层产生应力应变过程的动力现象，具有如下特征：

根据 Gurtenberg-Richter 方程，随着震动能量的增加，震动数量按对数下降

$$\lg N(E) = a - b \lg E$$

式中，E 为震动能量；$N(E)$ 为该震动能量下的震动数量；a，b 为常数，其中系数 b 的特征是单位时间内震动强度下降的速率。

矿山开采中会出现如下动力现象，故采用震动方法对其进行监测和预警：

（1）开采应力随时间形成和重新分布。

（2）开采后上覆岩层层结构被破坏。

（3）坚硬致密顶板岩层变形。

（4）顶板岩层下沉。

衡量矿山震动程度的大小是采用单位时间内矿山震动的频次和震动能量，是由井巷周围煤岩体的变形体系确定的，是工作面布置方式和岩体结构构造影响的结果。例如：

（1）开采边界和邻近层的残采区。

（2）地质构造，如断层。

（3）工作面前方的巷道、煤柱老空区等。

上述结构构造的变化，引起应力场的变化，变化梯度越大，产生震动的可能性就越大，释放的能量就越高，震动的次数就越多。

第二节　矿山震动对环境的影响

在采矿巷道中发生震动和冲击矿压，将会引起如下破坏：

（1）巷道、工作面的破坏，人员的伤亡。其主要原因是震动波传播过程中动载荷脉冲的冲击使煤层垮落，动力抛出煤岩体。

（2）在冲击矿压区域的人员伤亡，但巷道损坏不大。

（3）在较大能量的震动和冲击矿压发生时，地表产生振动，使建筑物产生裂缝甚至倒塌。

下面分别就震动冲击矿压对井下巷道的影响、对矿工的影响以及对地表建筑物的影响三个方面加以叙述

一、对井下巷道的影响

冲击矿压对井下巷道的影响主要是动力将煤岩抛向巷道，破坏巷道周围煤岩的结构及支护系统，使其失去功能。而一些小的冲击矿压或者说岩体卸压，则对巷道的破坏不大，仅是巷道壁局部破坏、剥落或巷道支架部分损坏。当矿山震动较小，或震中距巷道较远时，将不会对巷道产生任何损坏。

采矿坑道和支架是一个支护系统，用来支撑一定的静载和动载，即抵抗由振动速度、加速度及主频率引起的地震力。

研究表明，震源处于巷道附近，即在近距离波场，对巷道的影响是非常大的，其特点是：

（1）振动的主频率为几十赫兹甚至到100Hz，它与震动能量成一定的比例，即：震动小，频率高；震动强，频率低。

（2）振动速度的高峰幅值PPV为几十到几百毫克每秒。

（3）振动加速度的高峰幅值PPA为$50\sim200mm/s^2$。

（4）煤壁裂缝带起强化振动幅值的作用。

研究表明，在震源发生震动后，将产生压力降，对于波兰上西里西亚地区的矿井，其压力降通常不超过10MPa，但有的也能达到20~30MPa。而小震动对巷道不产生破坏，其压力降一般为0.1~1.0MPa。因此，震源的压力降与巷道破坏之间存在着一定的关系。压力降可通过测量震源的有关物理参数来确定，这样就可以预计震动对具体井巷的影响程度。

二、对矿工的影响

在发生冲击矿压的区域，如果有工人在工作，则可能对其产生伤害，甚至造成死亡事故。

我们可以提出对矿工劳动保护的要求，特别是在冲击矿压危险区域工作的矿工，其头盔要满足一定的条件，而且对矿工其他劳保产品（如鞋等）也做一定的要求。

三、对地表建筑物的影响

矿山震动和冲击矿压不仅对井下巷道造成破坏，对井下工作人员造成伤害，而且对地表及地表建筑物也会造成损坏，甚至会造成地震那样的灾难性后果。

对于矿山震动及冲击压强对地表的影响，Dedwon 将其分为 7 级。

矿山震动与冲击矿压对地表影响的特征为：

（一）3 和 4 级

大楼中的一些居民能感觉到震动。震动类似于一辆卡车在楼旁经过。

（二）5 级

大楼中的所有居民均能感觉到震动，一些在楼外的居民也能感觉到；许多熟睡的居民被惊醒；动物受惊；悬挂的物体来回摆动；某些轻的物体移动；未锁的门窗来回扇动。震动类似于一个很重的物体从楼外掉下。

（三）6 级

大楼内外的居民均能感觉到，并造成许多人的惊慌；画从墙上掉落；书从书架上掉下；家具移动。

（四）7 级

许多人惊慌乱跑；建筑物因内部家具移动受到较大的损坏。震动类似于坐在行驶中的小汽车内。

从上述结论可知，矿山震动与冲击矿压的发生将对地表产生巨大的影响，而其影响程度、范围、规律等，需要进行深入细致的研究。

第三节　煤岩体破断运动与矿震

一、矿震机理描述

根据弹性波理论，岩体的瞬间破裂会激发弹性波。这些弹性波携带着破裂源的信息，依赖岩体弹性介质向四周传播。可通过建立矿山微震监测系统，利用震动传感器在远处测量这些弹性波信号，然后根据所监测的微震信号特征来确定破裂的发生时间、空间位置和尺度、强度及性质。不同的岩石破裂对应不同的微震信号特征。煤矿冲击矿压、矿震等煤岩动力现象，与岩体的微破裂有着必然联系。

岩石的体积形变产生纵波（P波），在它的传播区域里，岩石发生膨胀和压缩；面岩石的切变产生横波（S波）。纵波和横波以不同的速度传播，波速与岩石的弹性系数和密度有关。纵波和横波在震源周围的整个空间传播，统称为体波。当纵波和横波未遇到界面时，可以看成是在无限介质中传播；当纵波和横波遇到界面时，会微发界面产生沿着界面传播的面波，在垂直于界面的方向上只有振幅的变化，其振幅按指数规律衰减。

二、煤岩介质中的传播方程

在开采应力的影响下，煤岩体的弹性特性决定着煤岩体的动态变化，而且与煤岩体的振动参数相关。图 3-1 给出了几种采矿所引发的震动，图 3-2 给出了震动形成的纵、横波位移场。其中图 3-1 中（d）～（f）的情况对应图 3-2 的剪切模型。

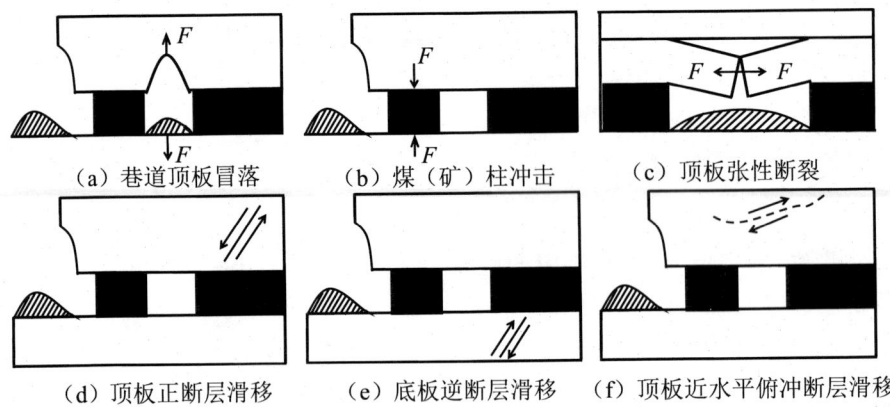

图 3-1 由于采矿引发的断裂和震动模型

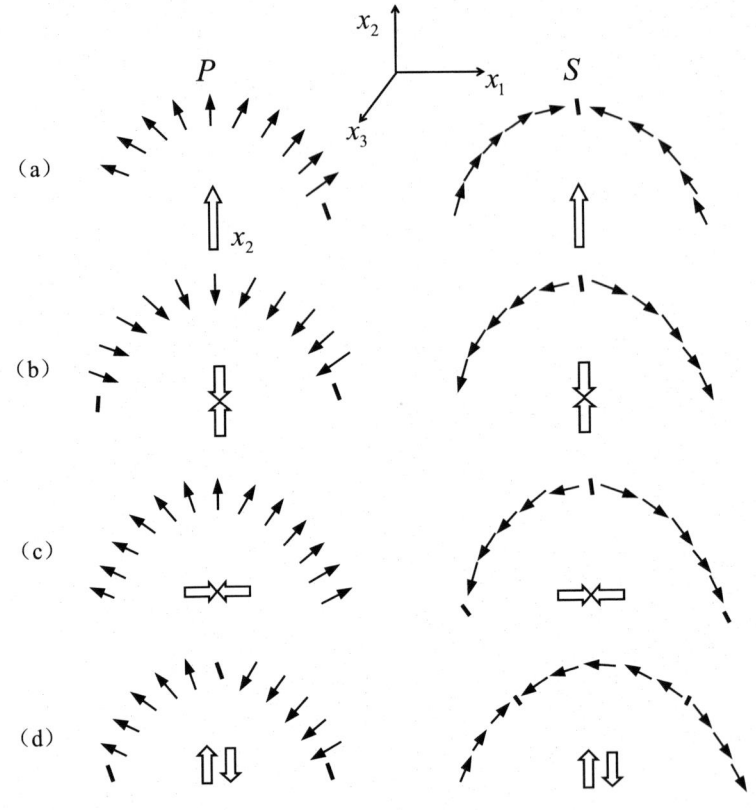

图 3-2 半平面内各种力形成的纵、横波位移场

设在煤岩体微单元 $dV=dxdydz$ 上作用有体力 $F_i(Fx=F'xrdV, Fy=F'yrdV, Fz=F'zrdV)$，其位移为 $u_i(u_x, u_y, u_z)$。引进标量势 Φ 和矢量势 Ψ，则

$$u_i = grad\ \Phi + rot\ \Psi_i$$

在微单元上不仅作用有体力，而且六面体各个面上作用有面力。根据牛顿定律，面力和体力之和等于惯性力，则可得煤岩体微单元运动的微分方程

$$\rho\frac{\partial^2 u_x}{\partial t^2} = \rho F'_x + \frac{\partial \sigma_x}{\partial x} + \frac{\partial \tau_{yx}}{\partial y} + \frac{\partial \tau_{zx}}{\partial z}$$

$$\rho\frac{\partial^2 u_y}{\partial t^2} = \rho F'_y + \frac{\partial \sigma_y}{\partial y} + \frac{\partial \tau_{xy}}{\partial x} + \frac{\partial \tau_{zy}}{\partial z}$$

$$\rho\frac{\partial^2 u_z}{\partial t^2} = \rho F'_z + \frac{\partial \sigma_z}{\partial x} + \frac{\partial \tau_{xz}}{\partial y} + \frac{\partial \tau_{yz}}{\partial z}$$

根据弹性力学的几何方程和物理方程，按空间动力问题求解，可以得到所需波的基本微分方程

$$\rho\frac{\partial^2 u_x}{\partial t^2} = \rho F'_x + (\lambda+\mu)\frac{\partial e}{\partial x} + \mu\nabla^2 u_x$$

$$\rho\frac{\partial^2 u_y}{\partial t^2} = \rho F'_y + (\lambda+\mu)\frac{\partial e}{\partial y} + \mu\nabla^2 u_y$$

$$\rho\frac{\partial^2 u_z}{\partial t^2} = \rho F'_z + (\lambda+\mu)\frac{\partial e}{\partial z} + \mu\nabla^2 u_z$$

式中

$$\lambda = \frac{Ev}{(1+v)(1-2y)}$$

$$\mu = \frac{E}{2(1+v)}$$

$$\nabla^2 = \frac{\partial^2}{\partial x^2} + \frac{\partial^2}{\partial y^2} + \frac{\partial^2}{\partial z^2}$$

设体力为零，对微分方程的各个分量在各个轴上求导，可以得出

$$\frac{\partial^2 u_x}{\partial t^2} = \frac{\lambda + 2\mu}{\rho}\nabla^2 u_x$$

$$\frac{\partial^2 u_y}{\partial t^2} = \frac{\lambda + 2\mu}{\rho}\nabla^2 u_y$$

$$\frac{\partial^2 u_z}{\partial t^2} = \frac{\lambda + 2\mu}{\rho}\nabla^2 u_z$$

式中，u_i 用转子代替，可得

$$\frac{\partial^2 (rotu_i)}{\partial t^2} = \frac{\mu}{\rho}\nabla^2 (rotu_i)$$

由上两个方程式，这个方程式还可以写成

$$\frac{\partial^2 \Phi}{\partial t^2} = \frac{\lambda + 2\mu}{\rho}\nabla^2 \Phi = v_\alpha \nabla^2 \Phi$$

$$\frac{\partial^2 \Psi}{\partial t^2} = \frac{\mu}{\rho}\nabla^2 \Psi = v_\beta \nabla^2 \Psi$$

因此，煤岩体中力作用的结果，将产生两种变形，形成两种不同的波，即纵波和横波，波速为 v_α 和 v_β 传播。

不同矿山地震由于诱发成因不同，破裂机制也各有特点，如剪切、拉长或它们的组合。研究表明，拉张破裂所释放的能量及造成的应力降远小于剪切破裂的，其应力降大约为剪切应力降的 8%～12%。同时最小应力为压应力的剪切破裂所释放的能量大于最小应力是拉应力的剪切破裂。

矿山震动破裂机制的研究可极大地提高我们对工作面周围采用应力场和岩石破裂特征的认识，而这些不同的特征又与不同的矿山动力灾害密切相关。比如，瓦斯突出和顶板冒落主要与拉张破裂有关，而大震级的矿山震动或冲击矿压的灾害主要由于岩层剪切断裂或断层滑移诱发。因此，揭示不同冲击矿压类型（如顶板型、煤柱型、构造型等）的震源过程，寻找较好的矿震理论来解释和指导冲击矿压的预报和防治实践，是微震法预测预报冲击矿压的

重要任务之一。

第四节 矿山震动位移场及其矿震类型

一、震动位移场分析

矿震释放的震动能量正比于位移场的平方,故震动位移波场特征代表了震动能量在空间方位上的辐射方式。因此,通过建立不同煤岩震动的点源等价力模型,可就不同采动煤岩冲击破裂模式的震动位移场和能量辐射特征展开系统分析。

震动波震源是个封闭的区域,该区域内部为非弹性变形,外部只有震动波传播。在地震学上,描述震源方面的通常方法是采用一等效力模型来作为震源的近似,该模型忽略了震源区的非线性影响而与其线性波动方程相对应。力作用在给定点上所产生的位移与真实力作用于震源处所产生的位移一致,该力被定义为等效力。当震源与接收点的距离远大于震源破裂尺寸,及所观测的震动波波长相对较长时,则该震源区可被考虑为一个点,在该点上存在力与力偶系统的平衡。图 3-3 为常见震动波的 9 种点源模型(Gibowicz et al.,修济刚译,1996)。任何破裂类型都可由这些力偶的组合来表达。

震动能量因震源受力方式的不同在不同方位的辐射并不一样。通过分析不同微震事件破裂形态,可进一步分析该事件的位移及空间分布情况。

在求解震动波波动方程时,忽略了震动源处体力作用。虽然体力不影响震动波的产生,但影响震动位移场辐射特征及震动波传播方式。当体力 $f_i(x, t)$ 集中在 ξ 点,且作用在 x_i 方向上,作用时间函数为 $F(t)$ 时,则有

$$f_i(x, t) = F(t)\delta(x-\xi)\delta_{ij}$$

式中,$f_i\delta(x-\xi)$ 为三维狄拉克(Kronecker)函数。

在矿震震源体积 V 内,以等价体力密度 f_i 分布的震源,时间 t 在点 x 所产生的位移 u_k,可表示为

$$u_k(x, t) = \int_{-\infty}^{\infty} \int_V G_{ki}(x, t; r, t') \mathrm{d}V \mathrm{d}t'$$

式中，$u_k(x, t)$ 为震动在时间 t、点 x 处产生的震动位移；$G_{ki}(x, t; r, t')$ 为震源 (r, t') 和震动传感器 (x, t) 之间的传播效应的格林函数，其物理意义是在震源 r 处、t' 时刻、j 方向的点力，在测点 x 处、t 时刻、i 方向上产生的位移。

在参考点 $r=\xi$ 附近，将格林函数进行泰勒展开，得

$$G_{ki}(x, t; r, t') = \sum_{n=0}^{\infty} \frac{1}{n!}(r_{j1}-\xi_{j1})\ldots(r_{jn}-\xi_{jn})G_{ki,j1,\ldots,jn}(x, t; \xi, r, t')$$

式中，标记之间的逗号表示对逗号后面的坐标 $(j_1,\ldots, j_n)$ 的偏微分。

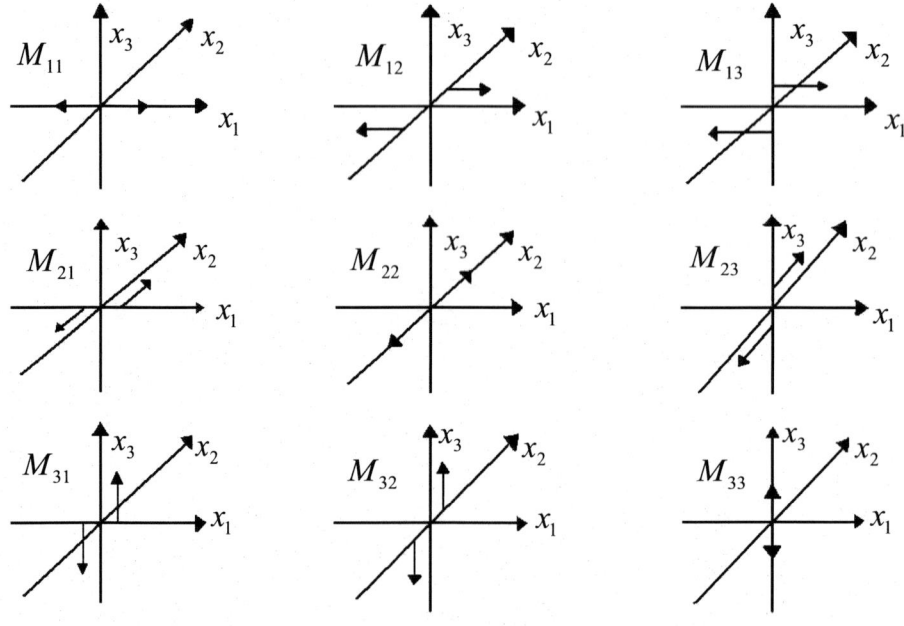

图 3-3　震动点源模型

对于煤岩诱发矿震之类的小能量震动（相比天然地震而言），参考点通常取为震源。以震源矩心为参考点，将体力密度用力矩形式进行表达，则与时间有关的矩张量 M_{ij} 被定义为

$$M_{ij_1\cdots j_n}(\xi, t') = \int_V (r_{j1}-\xi_{j1})\ldots \int_V (r_{jn}-\xi_{jn})f_i(r, t')\mathrm{d}V$$

故将位移场多重展开，得

$$u_k(x, t) = \sum_{n=0}^{\infty} \frac{1}{n!} G_{ki, j_1, \cdots, j_n}(x, t; \xi, r, t') * M_{ij1, \cdots, j_n}(\xi, t')$$

因此，震动位移场可表示为矩张量与格林函数的时间褶积。在点源近似下，仅需参考上式的第一项，即二阶矩张量。同时，假定震源为同步震源[震动矩张量所有分量，具有相同的时间依赖关系 $s(t)$]，此时震源距张量在时间 t、点 x 处产生的位移为

$$u_k(x, t) = M_{ij}(G_{ki, j} * s(t)) = M_{ij} * G_{ki, j}$$

矩张量就是地球上通常所提的震源等效力，该等效力作用在给定点上所产生的位移与真实力作用于震源处所产生的位移一致。当震源与接收点的距离远大于震源破裂尺寸，及所观测的震动波波长相对较长时，那么该震源区可被考虑为一个点。在该点，力与力偶平衡。它由在 $x_i\ (i=1,2,3)$ 方向上的力与 $x_j\ (j=1,2,3)$ 方向上力臂的力偶 M_{ij} 的组合来表达。因此，矩张量存在 9 个分量，其中 6 个为独立分量。正是由于作用于各震源的矩张量成分不同，导致采动诱发煤岩矿震的破裂肌理各不相同。

震源作用力所产生的位移场则为矩张量各力偶所产生位移的综合，Aki 与 Richards 给出了各向同层均匀介质中的完整表达式

$$uk = \left(\frac{15\gamma_k \gamma_i \gamma_j - 3\gamma_k \delta_{ij} - 3\gamma_i \delta_{kj} - 3\gamma_j \delta_{ki}}{4\pi\rho} \right) \frac{1}{r^4} \int_{r/\alpha}^{r/\beta} \tau M_{ij}(t-\tau)d\tau$$

$$+ \left(\frac{6\gamma_k \gamma_i \gamma_j - \gamma_k \delta_{ij} - \gamma_i \delta_{kj} - \gamma_j \partial_{ki}}{4\pi\rho v_P^2} \right) \frac{1}{r^2} M_{ij}\left(t - \frac{r}{v_p}\right)$$

$$- \left(\frac{6\gamma_k \gamma_i \gamma_j - \gamma_k \delta_{ij} - \gamma_i \delta_{kj} - 2\gamma_j \partial_{ki}}{4\pi\rho v_S^2} \right) \frac{1}{r^2} M_{ij}\left(t - \frac{r}{v_p}\right)$$

$$+ \frac{\gamma_k \gamma_i \gamma_j}{4\pi\rho v_p^2 r} \dot{M}_{ij}\left(t - \frac{r}{vp}\right) - \left(\frac{\gamma_k \gamma_i - \partial_{ki}}{4\pi\rho v_s^2 r} \right) \gamma_j \dot{M}_{ij}\left(t - \frac{r}{v_p}\right)$$

式中 v_p 和 v_s 分别为 P、S 波的传播速度；r 为震源到台站距离；ρ 为岩石密度；k 为台站传感器的第 k（$k=1$，2，3）分量；δ_{ki} 为 Kronecker 函数；γ_i 为震源至台站的震动波射线对应于各坐标轴的分量；M_{ij} 为震源矩张量。

上式中第一项对应于震动位移场的近场项，中间两项分别对应于 P、S 波位移场的中场项，最后两项分别对应于 P、S 波位移场的远场项。各位移场项受不同等价力源的作用，由震源向外辐射的震动波具有明显的方位性。在实验室监测尺度进行煤岩冲击破坏的震动波场特征分析时，必须要考虑震源激发位移场的近、中场部分；而对于矿井或采区监测范围内，用于矿山实际煤岩诱发冲击矿震破裂机理研究的方法和技术主要依据震动位移场的远场项，近、中场位移基本可以忽略。

因此，P、S 波的远场位移分别表示为

$$\left. \begin{aligned} u_{P,\,k} &= \frac{\gamma_k \gamma_i \gamma_j}{4\pi\rho v_P^2 r} \dot{M}_{ij}\left(t - \frac{r}{v_P}\right) \\ u_{S,\,k} &= -\left(\frac{\gamma_k \gamma_i - \partial_{ki}}{4\pi\rho v_S^2 r}\right) \gamma_j \dot{M}_{ij}\left(t - \frac{r}{v_S}\right) \end{aligned} \right\}$$

在球形坐标系中引入矢量 R、Θ、Φ，分别与震源—台站径切向方向一致，上式可用球坐标表示为

$$\left. \begin{aligned} u^P &= \frac{1}{4\pi\rho v_P^3 r} R^P(M_{ij}) \\ u^{SV} &= \frac{1}{4\pi\rho v_S^3 r} R^{SV}(M_{ij}) \\ u^{SH} &= \frac{1}{4\pi\rho v_S^3 r} R^{SH}(M_{ij}) \end{aligned} \right\}$$

$$\begin{bmatrix} R^P \\ R^{SV} \\ R^{SH} \end{bmatrix} = \begin{bmatrix} \gamma_1\gamma_1 & 2\gamma_1\gamma_2 & 2\gamma_1\gamma_3 & \gamma_2\gamma_2 & 2\gamma_2\gamma_3 & \gamma_3\gamma_3 \\ \theta_1\gamma_1 & \theta_1\gamma_2+\theta_2\gamma_1 & \theta_1\gamma_3+\theta_3\gamma_1 & \theta_2\gamma_2 & \theta_2\gamma_3+\theta_3\gamma_2 & \theta_3\gamma_3 \\ \varphi_1\gamma_1 & \varphi_1\gamma_2+\varphi_2\gamma_1 & \varphi_1\gamma_3+\varphi_3\gamma_1 & \varphi_2\gamma_2 & \varphi_2\gamma_3+\varphi_3\gamma_2 & \varphi_3\gamma_3 \end{bmatrix}$$

其中，γ_i、θ_i、φ_i（$i=1$，2，3）分别对应矢量 R、Θ、Φ 各分量，并有

$$\left.\begin{array}{l}R=[\sin\theta\cos\varphi \quad\quad \sin\theta\sin\varphi \quad\quad \cos\theta]\\ \Theta=[\cos\theta\cos\varphi \quad\quad \cos\theta\sin\varphi \quad\quad -\sin\theta]\\ \Phi=[-\sin\varphi \quad\quad\quad \cos\varphi \quad\quad\quad\quad 0]\end{array}\right\}$$

二、基于震动波场特征的煤岩震动分类

可通过布设在震源三维空间周围的微震台网的记录结果，在震动波形图上辨认 P 波初动方向，对采动诱发不同煤岩震动进行分类。根据分析结果，顶板水平拉伸破裂顶板离层和顶板冒落等破裂方式产生的是离开震源、波前向外压的压缩 P 波，所有微震台站接收到的 P 波初动应均为"＋"，该类震动为典型的拉伸型矿震；顶板回转失稳、煤柱压缩破裂等震动方式产生的是指向震源、波前向外拉的膨胀 P 波，所有微震台站接收到的 P 波初动应均为"－"，该类煤岩诱发震动为典型的内爆型矿震；顶板剪切破裂、"砌体梁"结构滑移失稳、煤柱动态冲击、采动诱发断层"活化"等煤岩震动，震源产生的 P 波初动在空间上呈四象限分布，符合典型双力偶源的震源破裂机理，可称为剪切型矿震，该类矿震破坏过程一般较为强烈，释放震动能量较多，冲击危险性也最高。

第五节　矿震震动波频谱特征

一、岩层破裂与矿震频率的关系

根据研究结果，地震波的震动频率随岩层断裂缝尺寸的增加而下降，即

$$f=\frac{c}{L}$$

式中，L 为岩体断裂裂缝长度；f 为震动频率；c 为常数，一般为 100～300。

二、震动波频谱分析原理

谱分析已成为微震研究的一种普遍采用的方法。采用时频分析技术分析微震信号的功率谱和幅频特性,以便从谱特性进行微震信号的辨识,从而为预测预报矿井冲击矿压等动力灾害提供条新的线索。

时间域内的震动波形模拟分析需要相当复杂的技术,尚不能做到常规应用。地震记录或时间序列经快速傅立叶变换(FFT)变为频率域,便可得到所需的振幅谱和相位谱,不但可容易求之得大部分震源参数(部分参数在时间域内),也可确定信号的频率特征,掌握信号的应用的角度。微震信号特征分析的目的是正确识别不同构成及性质。

从矿山微震监测实际应用的角度出发,微震信号特征分析的目的是正确识别不同成因引起的不同种类波形及其特征,因此微震信号的波形特征主要是指波形形态特征和频谱特征。对于波形的形态特征,可以直接从"SOS"微震监测系统的示波窗口内的波形来观测;而对于频谱特征分析,采用傅立叶频谐分析和快速傅立叶时频分析理论。

傅立叶变换的基本形式如下

$$S_F(\omega) = \frac{1}{2\pi} \int_{-\infty}^{+\infty} S(t) e^{-i\omega t} dt$$

式中,$S(t)$为一连续时间信号函数;$e^{-i\omega t}$为傅立叶变换的基函数。由积分变换式,可发现任何时间信号的突变都会影响到整个函数频率域上。基于这种认识,Gabor引入了短时傅立叶变换的概念。短时傅立叶变换称为窗口傅立叶变换,其基本形式如下

$$S_{WF}(\omega, \tau) = \int_{-\infty}^{+\infty} e^{-i\omega \tau} \omega(t-\tau) S(t) dt$$

式中,$\omega(t-\tau)$称为窗口函数。在信号分析和处理中,人们常采用高斯窗口函数。这种窗口变换或短时傅立叶变换的优点在于,在给定的时间和频率域范围内,具有最大能量信号的傅立叶变换有良好的局部化特征;在其他时频段,能量较小信号的傅立叶变换系数则接近于零。但这种变换的局限性就在于窗口的形状无法做到随频率和时间的变化而任意缩放。

把原来在时域内以时间 t 为变量的函数 $B_H(t)$ 变换为频域内以频率 f 为变量的函数 $B(f)$，也就是将原来的函数分解为一系列振幅不同的频率变化的正弦函数，得出频域内振幅随频率变化的函数 $B(f)$，如下所示

$$B(f)=\int_0^T B_H(t)e^{-2\pi ft}\mathrm{d}t$$

这里的 t 是 $B_H(t)$ 在时域内延伸的区间。由于振幅的平方正比于功率，定义单位时间内功率谱密度 $S(f)$ 如下所示

$$S(f)=B(f)^2/T$$

利用快速博立叶变换（FFT）将震动波形从时间域变化到频率域上，即得到波形的频谱图。

第四章　矿震振动波传播衰减规律

第一节　震动实验测试系统

为了确定冲击震动波的衰减特征,在地面进行了试验研究,试验采用中国矿业大学和国家地震局共同研制的 TDS-6 微震信号与数据采集系统。

选择四种不同完整性、松散性的介质进行试验研究。第一种介质是相对完整和坚硬的石块场地;第二种介质是硬度较低但完整连续的细沙土地;第三种介质是松散破碎岩层的小泥块土地;第四场地为水泥地。实验总共进行了 19 次,采集系统的布置是:从距离震源 3m 处开始,每间隔 10m 沿直线距离设置拾震子站,一共设置 6 台观察子站;主站放在辐射子站的圆弧中心位置处,以接收分站采集的信号。

第二节　冲击震动波能量的衰减特征

根据 TDS-6 微震实验系统内部设计自定的震动加速度幅值与震动烈度的对应关系、震动烈度与震级的关系,可以回归震动加速度幅值与震级之间的运算关系。再根据震级与能量之间的关系 $1gE=1.8+1.9M_L$,可得到计算各拾震器位置震动能量与震动加速度之间的计算公式 $E=10^{3.7849+0.8271na}$,从而计算出四个试验场地各拾震器位置冲击震动波能量值,进而得到冲击震动波沿传播距离的衰减特征曲线。

能量的衰减变化趋势同震动加速度的变化趋势,随传播距离增大能量也呈乘幂关系 $E=E_0 l^{-\eta}$ 衰减,初始衰减依然很快,到一定距离后衰减幅值减少。

在四种介质中的能量衰减指数的大小依然随介质的完整性、硬度、孔隙率等性能指标的变化而不同。这些指标越趋向良性，衰减指数越小；反之，衰减指数越大。

第三节　震动波传播的衰减规律

一、实验室模拟

根据不同试验场地采集的震动信号，得出了四种不同场地介质的最大震动加速度幅值变化曲线。距离震源较近处幅值很大，但沿传播距离增加，震动加速度沿传播距离呈乘幂关系衰减，在相对完整和连续性较好的介质（如水泥地、大块砂石地）中震动剧烈程度衰减较小，而在松散和孔隙度大的介质（如沙土地、小石块场）中震动剧烈程度衰减趋势较大。这说明岩土介质中裂缝、节理孔洞等导致波的震动幅度降低，对波传递有较大的吸收和阻尼作用，而且这种吸收和阻尼作用随着传递介质的完整性、硬度、孔隙率等参数的变化而变化。这些指标越趋向良性，衰减越小；反之，衰减越大。

二、震动传播的数值模拟

冲击矿压发生的最主要的一个因素是高应力的集中，而且这个高应力积聚的弹性变形能的释放是突然的、急速的瞬间阶段，通常都是由于顶板坚硬岩层的突然弯曲下沉或者断裂移动而造成的。有时也会发生这样的情况：本来顶板岩层积聚的弹性能并不大，但受到周围采动影响，如放炮、机械振动等，这些采矿活动产生的震动能量传播至已经事先积聚了一定能量的坚硬顶板处，应力叠加总和超过了坚硬顶板所能承受的极限强度，诱发顶板岩层的突然弯曲下沉或者断裂移动，能量转移至强度极限相对更低的煤体中，从而导致冲击矿压的发生。因此，可以说只要发生冲击矿压现象，一定是顶板或者巷帮周围存在一个突然爆发冲击震动力的高应力区，我们将这个产生突然冲击震动的高应力区称为冲击源（震源）。

　　FLAC 数值模拟软件中的 Dynamic 模块，具有模拟类似爆炸等突发冲击震动效应的力学模拟功能。通过一定的赋值语句，确定好震源加载波形，对各个参数相应赋值，就可以模拟巷道在冲击震动波的传播效应下围岩应力分布和位移趋势及大小，并分步再现冲击矿压破坏的全过程，这为研究冲击破坏机理提供了有力的保证。

　　在冲击源距离巷道一定范围之内时，冲击速度和位移量很快就达到最大值，巷道基本呈瞬时破坏现象。而在冲击源距离巷道一定位置后，同一能量震源对巷道的破坏出现明显的分段累积作用效应，冲击载荷对巷道的破坏也呈现出多轮冲击破坏现象。巷道是在冲击波的反复压缩和拉伸作用下累积破坏的，速度时步变化过程与位移量时步变化过程呈现出一致性。

　　同等能量冲击源距离巷道顶板不同位置时对巷道产生的冲击效应截然不同，随冲击源距离巷道增大，冲击效应逐渐减弱，巷道围岩移动速度和移动量均随距离的增大呈乘幂关系减弱。一个具体的震源能量在一定距离之内可以造成巷道产生冲击矿压破坏现象，但在这个距离之后对巷道的冲击震动作用就减弱，甚至丝毫没有作用。

三、矿震震动波衰减的现场测试

　　某矿为薄煤层群开采，由于上层位煤柱、本层上区段采空区顶板悬顶及本工作面后部采空区的影响，79Z6 工作面上巷煤壁一侧应力集中程度较高，具有较高的冲击危险。

　　采用爆破研究震动波的传播特征，而且爆破后诱发了冲击矿压。图 4-1 为距离爆破震源分别为 452.5m、400.7m、1023.6m 的 6、7、12 通道记录的速度波形。将各通道速度幅值与传播距离的关系作图可得图 4-2，采用最小二乘法可得速度幅值与传播距离之间的关系为

$$v_\rho(L) = 0.3623 L^{-1.638}$$

　　由此可反算该震源传播到冲击显现位置处的速度幅值。由冲击矿压发生点与爆破施工位置，可估算出距离 L 取值范围为 1～20m，以此可得卸压爆破

对冲击矿压易发区域产生的动载为 0.03～3.89MPa。

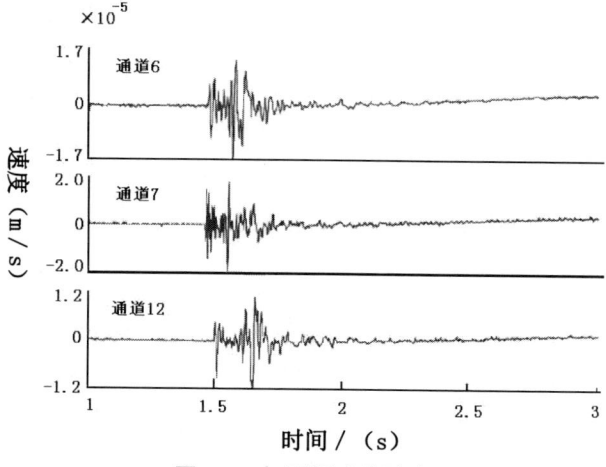

图 4-1 卸压爆破典型波形图

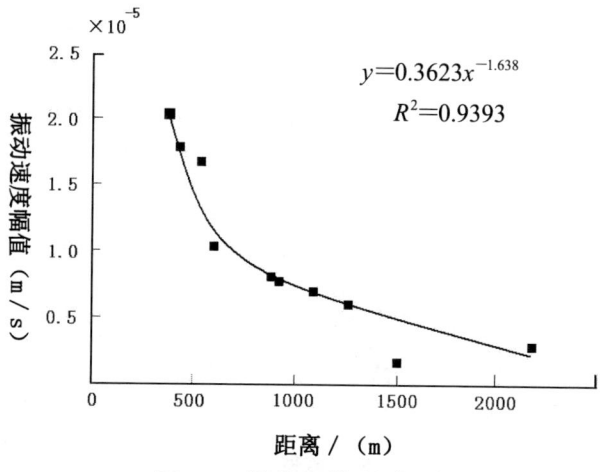

图 4-2 爆破波形幅值衰减规律

四、爆炸震动波传播特性的原位试验

某煤矿 KZ-1 矿震监测系统由中国国家地震局地球物理研究所开发研制。整个矿区共计布设了 12 个井控型拾震器,其中 10 个布置在井下,煤气站与路新庄 2 个拾震器采用地面深钻孔布置,孔深分别为 228m 和 229m。

本次试验研究在该矿 7206 工作面轨道巷进行,7206 工作面轨道巷平均标高为-840m。在 7206 工作面轨道巷周围布置了 6 个三分量传感器,分别为 1

号（-860车场）、3号（-700南翼充电房）、4号（九煤车场）、8号（煤气站）、10号（西二下山中部-770点）以及12号（路新庄）。本次试验主要利用1号、3号以及4号传感器采集的微震数据进行分析。在轨道巷掘进初期，利用最近的1号传感器采集爆源中心的震动波，随着轨道巷的不断掘进，测定爆炸震动波3个分量随传播距离在没岩层中的传播衰减规律。

7206工作面轨道巷与7204工作面运输巷之间留设了宽度5m的小煤柱，其中7204工作面已经回采完毕，其余均为实体煤。爆破为掘进正常放炮，在7206工作面轨道巷迎头施工5个爆破孔，装药80卷，共计12~15kg，一次起爆。

震动波的传播过程极其复杂，影响波能量损失的因素较多。针对小尺度范围内的煤岩体空间，从试验的实测数据出发，结合拾震器与爆源中心位置的关系，提出震动波3个不同分量"穿层"传播和"顺层"传播的能量衰减差异。所谓"穿层"传播，就是单分量波从爆源到拾震器的传播途中穿过了若干次煤岩层接触面，波每经历一个接触面，就要进行一次反射、折射与衍射过程，造成波的能量损失；"顺层"传播指的是单分量波从爆源到拾震器的传播途中，不经过煤岩层接触面，即波在单个岩层中传播，它相对于"穿层"，传播能量损失较小。

为了研究爆炸震动波3个单分量"穿层"传播和"顺层"传播的能量及频率衰减差异，首先必须试验采集到爆炸震动波信号3个分量的振幅射时程曲线，揭示爆源中心震动波信号的3个分量特性。在7206工作面轨道巷掘进初期，利用最靠近爆源中心的1号拾震器采集爆破信号，得到近似爆源的震动波。图4-3所示为7206工作面轨道巷掘进初期1号传感器采集的爆炸震动波3个分量的能量与频率的分步曲线。

由图4-3可知，近爆源中心震动波的水平方向和垂直方向的能量及频率分布近似相等。信号的主频分布在0~70Hz，能量以低频0~40Hz的信号为主，该频段主要为炸药爆炸激发的震动波。信号的高频成分（40~70Hz）主要由于爆炸导致煤岩体内部产生了大量的微裂纹以及微裂纹扩展所致。

爆炸震动波在煤岩介质中传播时，随着传播距离的增加，信号中的高频成分急剧衰减，主频分步在0~60Hz。从衰减指数来看，"穿层"传播的垂直向衰减指数大于"顺层"传播的水平向，但水平传播距离对于垂直向能量的衰减具有显著性影响。

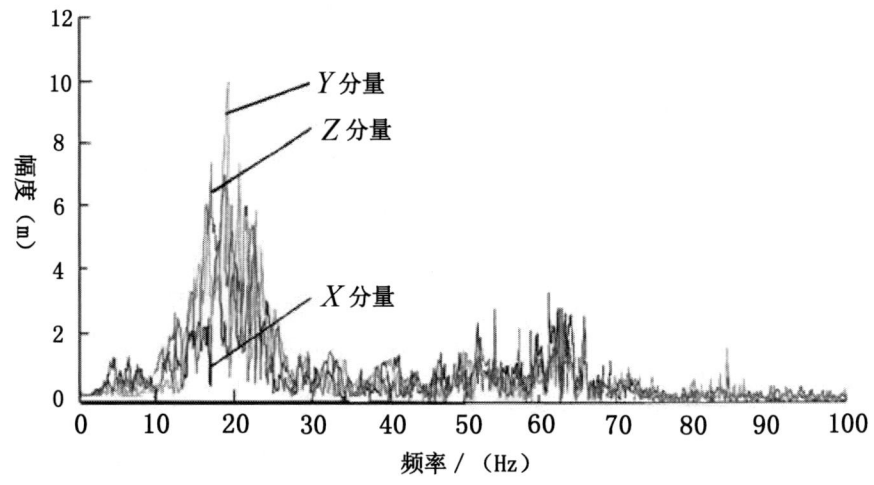

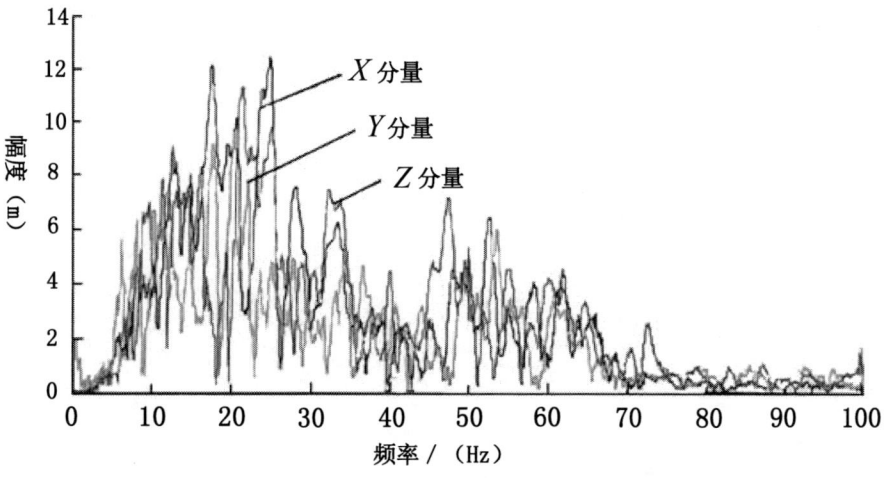

图 4-3　爆炸振动波信号三分量的能量与频率曲线

第四节　震动波传播速度与应力的关系

为了采用震动波分析确定岩层内的应力状态，首先需要在实验条件下研究煤岩块在加载情况下波速与应力之间的关系（Mitra and Westman，2009；

Meglist et al.，2005；Westman，2004；Eberhart-Phillips et al.，1989；Nur and Simmons，1969），从而为通过反演波速进行应力分布特征的研究和冲击危险检测预警打下理论基础。

为此，对某矿所取的煤岩样进行单轴压缩至破坏。煤岩样轴压加载速率分别为 5MPa／min 和 15MPa／min，并每隔 3s 进行纵波波速测试。试验在四川大学水利水电学院 MTS815 FleTestGT 岩石与混凝土特性试验机上进行。

岩样的单轴压全过程超声波测试结果表明，纵波波速都随应力的增加而增加。单轴压缩条件下，煤岩试样总是在应力作用的开始阶段时，纵波波速变化有较高梯度，而随着应力的不断增加，纵波波速的上升幅度减缓，并逐渐趋于水平。在应力升高到一定阶段后，影响波速大小的因素不再随应力的增加而调整。这种现象表明应力与波速间应该具有幂函数关系，即：

$$V_p = a\sigma^\lambda$$

式中，a 和 λ 为拟合和选择的参数值。

第五章 河南省某铁矿深部找矿地球物理勘探模式

第一节 区域地质背景分析

河南省某铁矿区大部分面积属平原丘陵地貌，且大部分地区均被第四系覆盖，地势较平缓。中部和西部局部有小面积基岩出露，地势较高。位于中部的山脉主峰，海拔最高，为297.9m，最低处海拔不足100m，整个工作区相对高差较小。

一、地质背景

（一）地层

本区大部分被第四系覆盖，仅中部和西北部有小面积太华群变质岩及中元古界汝阳群和上元古界洛峪群露头。

根据相邻已勘探铁矿区钻探和物探资料，结合工作区中部和西部的小面积基岩出露情况，本次对区内新生界和第四系覆盖以下隐伏的地层界线进行了推断，大致确定了工作区基岩的分布情况。工作区地层从老至新为：

太古界赵案庄组（Arz）：属中深变质岩系，是本区变质铁矿的母岩。区内全部被新生界和第四系覆盖。根据已有资料确定，本组地层在覆盖层下，呈北西—南东向分布于工作区北部。F5断层以西与铁山庙组地层整合接触；F5断层以东与上伏汝阳群云梦山组地层呈不整合接触，自下而上可分为更长角闪片麻岩段（厚130~150m，磁铁矿厚1~20m）、铁铝榴石更长角闪片麻岩段（厚365m）、更长角闪片麻岩段透辉更长片麻岩段（厚121~291m，一般有 1~4 层磁铁矿层，平均厚 21~57m）。

古元古界太华群铁山庙组：属中深变质岩系，是本区变质铁矿的母岩。区内地表仅西北部有小面积出露，覆盖层以下延入工作区。F5 断层以西呈北西—南东向带状分布；F5 断层以东，据已往钻孔资料推断，本组缺失。据相邻"二铁"矿床资料可知，本组分为上、下两个混合岩段（分别厚 400m 和＞500m）及中部的大理岩和磁铁辉石岩、辉石磁铁矿段（最厚 253m）。磁铁矿层多达 12 层，单层厚 31m。平均厚 25m，累计厚度可达 85m。杨树湾组在本区缺失。

中元古界汝阳群：地层由老至新，从下至上，分为云梦山组（Pt2 2y）、白草坪组（Pt2 2bc）和北大尖组（Pt2 2bd）。云梦山组（Pt2 2y）：出露于工作区西部和中部鸡山一带，以中粒石英砂岩为主，局部有页岩，下部有玄武岩、砾岩、铁砾岩。白草坪组（Pt2 2bc）：工作区中部和西部均有小面积出露，据推断的隐伏地层界线，西部大致呈带状东西走向，在鸡山以东，走向变为北西—东南向，出露宽度一般不大。岩石主要以中粒石英砂岩为主，夹泥岩、页岩。北大尖组（Pt2 2bd）：出露于工作区中部一带，被后期断层切错，总体呈北西—东南向展布，本层厚度较大。岩石主要为灰白、紫红同生砾状硅质白云岩、钙质砂岩、长石石英砂岩、石英砂岩等。

上元古界洛峪群崔庄组（Pt_3S）：出露于中部鸡山一带，由构造作用，地表呈北北东—南南西向展布，主要为杂色页岩夹薄层石英砂岩、页岩夹灰岩透镜体，灰白粗粒长石石英砂岩。

洛峪群三教堂组（Pt_3s）：不规则状出露于工作区南部，总体呈北西—东南向，主要为紫红色厚层中粒石英砂岩。

新生界第四系（Q）：工作区低洼及东部大面积分布，深度一般几十米至百米以上。

（二）构造

前震旦早期古构造的基本形态为一走向北西，向西倾伏，倾向南西的复式背斜，在岗庙刘—陈厂比较清晰。轴部主要由赵案庄组组成，大体分布于赵案庄—余庄—营街—朱兰一线，轴线为 110°～120°，因受后期的叠加改造，致使上述北西向复背斜轴线发生大幅度弯曲。两翼主要由铁山庙组和杨树湾组组成。工作区大部分为其南翼的一部分，南翼（正常翼）较完整，隐伏于新生界和第四系以下，走向为北西向，倾向南西，倾角一般30°～50°；北翼隐伏于桐树庄—尚庙—经山寺—八台—王楼—岗庙刘一带，因受后期断层破坏而不完整，走向变化大，倾角较陡。该北西向复式背斜的二级褶皱在北翼和近轴部较为发育，主要是不对称正常褶皱，部分为倒转褶皱。

北西向紧闭型褶皱和少量压扭性断层所组成的前震旦系北西向构造带，在嵩阳运动已形成，是本区前震旦古构造带的主体。

震旦纪以来的构造体系和构造演化：本区自震旦纪以来经历了少林、加里东、海西等运动，特别是燕山期运动作用，产生了一系列的近东西向、北西向和北东向的挤压或压扭性断层及伴生断层，形成燕山期构造格局，影响和改造前震旦古构造轮廓及本区变质铁矿的分布。工作区内北西向F1断层规模较大，沿清凉寺—鸡山一线，后期被挤压成逆断层F4错断；其次还有北北东向的F2、F3断层。上述几组断层为后期形成，对工作区地层及矿体造成破坏作用。

（三）岩浆岩与矿体特征

区内地表在鸡山南西出露有闪长岩株。据邻区钻孔资料显示，深部见到不同类型的岩脉体，如闪长岩体、二长花岗岩脉等。

区内地表没有发现矿体露头。本次通过与紧邻工作区西侧的铁矿矿床进行成矿环境对比研究，拟从中找出本区矿床与紧邻工作区同类型矿床的成矿环境的共性，从而论证在本区找矿的可能性。

1. 矿床地质特征

紧邻研究工作区西侧，矿区由3个矿段组成，呈北西向展布，长4km，宽1km。

（1）矿体规模、形态与产状：

铁矿属C矿组，矿体顶、底板均为花岗质条带状混合岩，局部为更长角闪片麻岩，夹层为磁铁辉石白云质大理岩，蛇纹石白云质大理岩、辉石岩和更长角闪片麻岩。

C矿组可分为C1、C2、C3与C4四层矿。C2为主矿层，占矿体总储量的80%以上。

C2矿层在各矿段均有分布。矿体呈似层状，长330m，宽500～900m，厚3.15～93.93m，平均厚28.15m，埋深0～550m。

（2）矿石物质成分与结构构造：

矿石由磁铁矿、假象赤铁矿、赤铁矿化磁铁矿、褐铁矿、黄铁矿、磁黄铁矿、钛铁矿、透辉石、石英蓝闪石、碧玉、白云石、方解石、普通角闪石、紫苏辉石、金云母、黑云母、绿泥石、滑石、蛭石、蛇纹石、石榴子石、磷灰石、重晶石、锆石、独居石、正长石、绿帘石和斜长石等矿物组成。

矿石为中粒、细粒花岗变晶结构、交代残余结构、条带状、块状、条纹状和浸染状构造。

（3）矿床类型：

属沉积变质型铁矿。

2．矿床成因及远景

从相邻已勘探的矿区或矿山可以看出，该工作区属沉积变质型铁矿，或原为岩浆晚期磷灰石—钛磁铁矿矿床，后经区域变质作用，形成变质铁矿床。这种类型的矿床一般规模较大，品位中等，具有较大远景和开发价值。

二、地球物理特征

（一）矿区航磁异常

工作区分布有多个航磁异常。在工作区的西北部，正负相间的一组异常存在，横跨一条南北向的小河，总体上负异常面积比正异常面积略大；工作区中部的异常较为复杂，中南部有两个比较大的正异常，异常北侧为大片负异常，正异常北面陡、南面缓，且极值比负异常的极值要大；工作区东部是一大片低缓异常区，正异常不规则，面积较大。

工作区的主要异常有：（1）57-1号异常：位于工作区内北西部，走向近东西，长500余米，宽200～300m，形态规则，呈长轴状。强度一般在100～300γ，中心有300γ的封闭圈。该异常为工作区的重要异常。（2）56-1号异常：工作区西端部，与56-2、56-3组成一个长轴状异常，长约1800m，宽约300m，强度一般在100～200γ。

综合以往地磁资料，本区分布的地磁异常有以下特征：

（1）地磁异常强度较大，这是本区异常的主要特点。虽然磁性强弱不是决定磁性体大小的唯一因素（还与埋深、形态、产状等有关），但在一般情况下，场源磁性强弱是主要因素。就本区异常看来，虽然埋深、产状等各有差异，但垂直场强极大值都较大。

（2）形态较规则，这是矿致异常的第二个特点。本区矿体大部分被第四系覆盖，异常主要反映的是具有一定规模的深部矿体。因此，异常较规则，特别是矿致异常尤为如此。

（3）异常多呈近等轴状不连续的孤立异常，且走向各异。这说明矿体受后期复杂的构造错动影响较大。

（4）有些异常中心正负范围都比较大，反映矿体产状平缓，水平宽度较大。

上述多个异常，经地面高精度磁法扫面及钻探验证后，有望发现工业矿体。

（二）岩（矿）石磁性特征

为了研究测区岩（矿）石的磁性特征，采集了不同地层中代表性岩石标本共计 48 块，并进行了系统性测试，测定结果如表 5-1。

表 5-1 岩石磁化率测定结果统计表

编号	岩石名称	采集块数	检测块数	磁化率（10^{-5}SI）		
				最小值	最大值	平均值
1	泥灰岩	6	6	23.63	70.13	45.01
2	闪长岩	6	6	51.50	877.00	421.26
3	紫红色中粒石英砂岩	6	6	0.83	2.00	1.22
4	长石石英砂岩	6	6	0.50	1.50	1.17
5	杂色泥页岩	6	6	19.00	22.50	21.42
6	钙质砂岩	6	6	8.00	10.25	8.87
7	辉石岩	6	6	11.63	38.00	21.64
8	铁矿石	6	6	41.67	102.00	76.76

注：由于此地区没有铁矿石露头，铁矿石采自邻近的铁山铁矿区。

由表中可以看出，该区磁性最强的为闪长岩，其次为铁矿石和泥灰岩，其他岩石磁性较小，基本为弱磁，紫红色中粒石英砂岩、长石石英砂岩、钙质砂岩基本无磁。通过分析，认为本区的磁性背景可能是闪长岩与铁矿石的反映。拟通过磁法勘探圈定磁异常。由于闪长岩是高阻体，铁矿石是低阻体，可以再通过电法勘探来区分闪长岩与铁矿石导致的磁异常。

第二节　河南省某铁矿区高精度磁法勘探

一、以往物探工作

研究矿区所在地区的铁矿是河南省重要的铁矿产地，它包括产于该地区大大小小近 20 处铁矿床，是全国十大铁矿之一。主要矿物为磁铁矿及部分赤铁矿，总储量为 6.64 亿吨，占全省铁矿探明储量的 76.3%。这些矿床大都是在 20 世纪 80 年代以前发现和勘查的，而且大多数被开采利用。

该矿区自 20 世纪 50 年代中期开始普查勘探，1960 年通过物探工作发现磁法异常。20 世纪 60—70 年代，许多地勘单位提交了该矿区各铁矿勘探报告。

1958 年，该矿山开始开发。该矿区铁矿现在已经成为河南省安阳钢铁公司自供矿的主要后备资源基础。有效而合理地开发利用该矿区铁矿，可以缓解河南铁矿资源紧缺的问题，推动河南省钢铁工业发展，支援河南省地方经济的发展。

所研究的矿区位于河南省。自 20 世纪 60 年代以来，有关地质单位根据不同的目的开展了相应的航磁测量、地面测量等地质工作。

（1）1976 年，冶金部物探公司航测大队进行了 1∶25000 的航磁测量，北起许昌、南至遂平县张台、西起方城县独树、东至京广铁路，面积约 8000km²。这次航磁共圈出了 ΔT 异常 108 处。

（2）地面物探工作以舞钢周围铁矿区为中心，主要以重力、磁法测量工作为主。对矿区外围的大多数航磁异常进行了不同程度的地面检查。最先是地质局物探队作过近百平方公里的 1∶10000～1∶5000 的地面磁测及部分重力测量。1976—1979 年，冶金会战指挥部 202 队开展了近 1000km² 的 1∶10000 重磁扫面工作，为本区积累了较系统的物探资料。

二、野外观测方法

野外定点采用手持 GPS（Global Positioning System）测量定位。为了保持数据采集的真实性，每天工作之前进行定位参数的检查，以保证参数的正确；观测过程中，除了存储观测点的坐标之外，还要求记录航迹；对于个别干扰点（比如点位旁有磁性体等），点位偏移的半径不大于 20m；观测结束后，将观测点坐标和航迹导入计算机，以便进一步处理。

在工作之前，根据 GPS 的时间值调整和校对仪器的时间，并检查和校对其他参数的设置；在观测过程中，操作员严格去磁，探头高度和方向在测量过程中始终保持一致，以保证原始数据的可靠性、一致性和精确性；在一个工作日内，日变观测始于早校正点之前，终于晚校正点之后，以保证数据的完整性和精确性，和野外仪器时间同步；每天野外观测后，将数据导入到计算机，并进行相应的日变改正，并编辑电子文档的备注。

本次高精度磁测的质量检查工作，严格按照相关技术标准的要求。随着野外工作的进行，及时开展质量检查工作，采用一同三不同的方式（同一点位，不同时间、不同仪器、不同的人观测），检查点均匀分布整个工区，对野外工作实施了有效的质量监控。每个闭合观测单元的观测在校正点上前后两次读数经日变改正后的差值都小于 2nT。

三、参考点建立

（一）日变站（基点）选取

根据本次磁测工作的测区范围较小以及日变站的有效覆盖半径等因素的综合考虑，测区内设定一个日变站。

对工区情况进行实地踏勘后，在工区附近地形平坦处，远离建筑物和公路、厂房、高压线等强干扰设施，选择了磁场平稳的地方建立日变站，并做明显标志。选取日变站的方法和步骤均符合规范要求。

本次磁测工作的日变数据采集间隔为 10s，与野外观测仪器做到秒级同步，以提高整个磁测质量。

日变观测使用 6 台仪器中性能稳定的 6 号磁力仪，型号是 GSM-19，采用自动观测方式，由专人负责。日变站位置也是基点位置，基点是全研究区磁场的起算值。

（二）仪器校正点选取

仪器校正点选择在日变站附近。为了避免探头相互磁化造成影响，选取离日变站点一定间距处设立，用木桩和红带做好了标记。

该位置磁场梯度较小，附近没有磁性干扰物，便于校对，符合规范要求。

（三）总基点 T_0 值的测定

选取一台比较稳定的仪器，在总基点处进行日变观测，读数间隔为 10s，观测时间为 2 小时 8 分钟左右，观测到 771 个读数，地磁场平均变化值为 0.065 nT，远远小于设计的 2 nT，计算计数平均值，综合当地地磁场要素值，选定了本区域的 T_0 值。

四、仪器性能测试

（一）探头高度的试验

开工前，在工区内选择一条长 125m，对浅层干扰有代表性的典型剖面，点距 5m，现场用两台磁力仪对 1m、1.5m 和 2m 三种不同的探头高度各进行一次往返观测，每个点观测两次，取其平均值进行比较。观察六组数据的变化趋势，从观测结果（图 5-1、图 5-2、图 5-3）中可以看出，探头高度为 2m 的往返观测平均值较接近，变化较稳定，依此确定探头的最佳高度为 2m。

另外，通过计算往返观测值之差的平方和除以 $2n(n=25)$ 的值来比较不同探头高度往返观测的一致性。从表 5-2 可以看出，探头高度为 2m 时，不管是 1 号仪器还是 3 号仪器，两次往返观测值比较一致，拟合度高，因此野外实地观测时选择探头高度为2m。

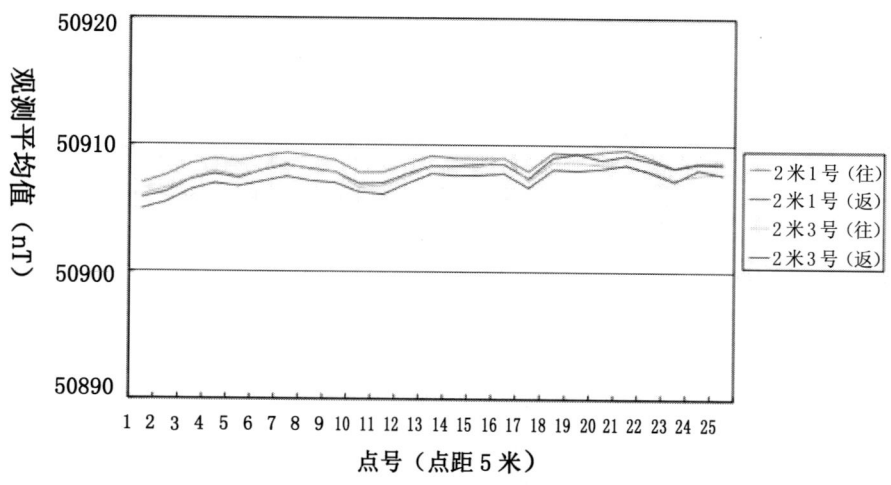

图 5-1　探头高度（2m）的往返磁场值变化曲线

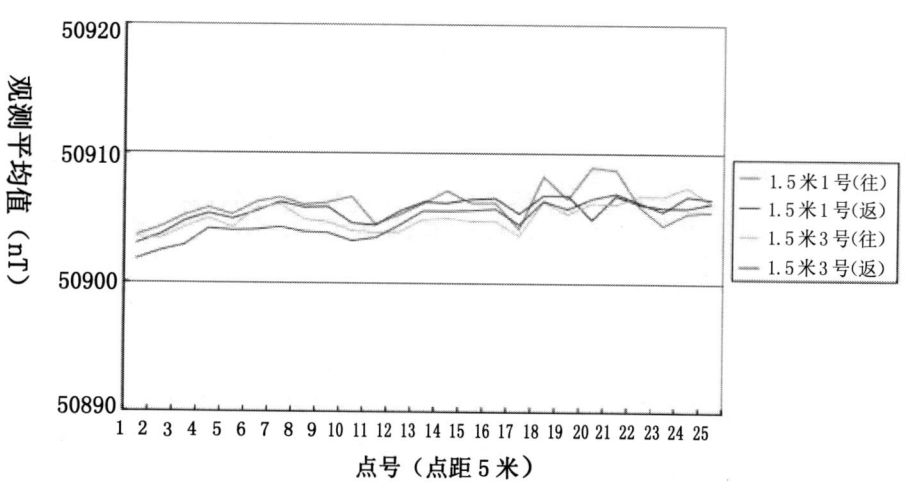

图 5-2　探头高度（1.5m）的往返磁场值变化曲线

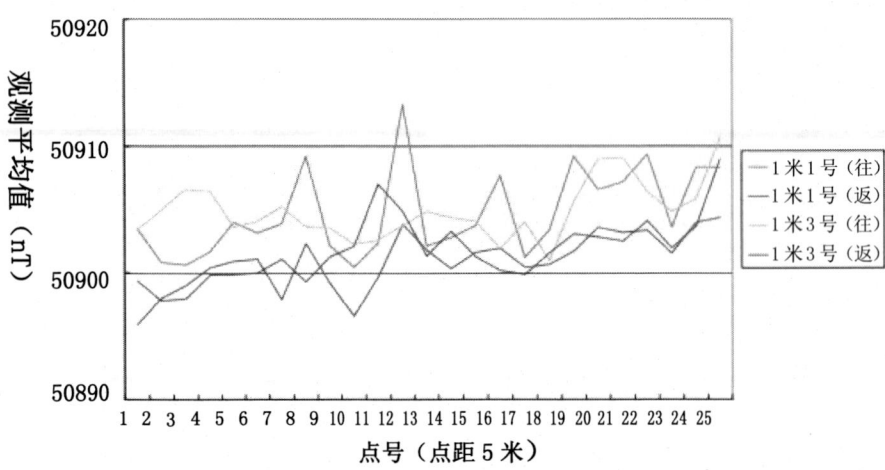

图 5-3 探头高度（1m）的往返磁场值变化曲线

表 5-2 探头高度不同时往返观测值比较

仪器号	探头高度（m）	两次观测差值平方 / 2n
1	5	0.331045
1	1.5	0.692826
1	1	9.870002
3	2	0.267331
3	1.5	0.419953
3	1	8.5620195

（二）噪声试验

选择基点附近磁场平稳、不受人文干扰场影响的区域。开工前和收工后将投入使用的各台磁力仪的探头置于该平稳磁场区，使探头间距保持在 20m 以上，使用仪器同时作秒级同步日变观测，每 10s 读取一次读数。取 100 个观测值来计算每台仪器的噪声均方误差。计算公式如下

$$S = \pm \sqrt{\frac{\sum_{i=1}^{N}\left(\Delta x_i - \overline{\Delta x_i}\right)^2}{N-1}}$$

式中：

S：噪声均方根误差值，单位为 nT；

x_i：第 i 时观测值，单位为 nT；

Δx_i：第 i 时的观测值与起始观测差值的平均值，单位为 nT；

$\overline{\Delta x_i}$：所有仪器同一时间观测差值的平均值，单位为 nT；

N：观测值总个数。

野外施工开始前和结束后，均对各台仪器的噪声进行了测定，噪声测定采用 10s 的时间间隔。施工开始前每台仪器采集 120 个数据，施工结束后每台仪器采集 102 个数据（图 5-4、图 5-5），并计算了各台仪器的水平均方根误差（表 5-3）。

噪声试验结果表明此次试验噪声水平精度小于 1.0nT，满足高精度磁法勘探的要求。

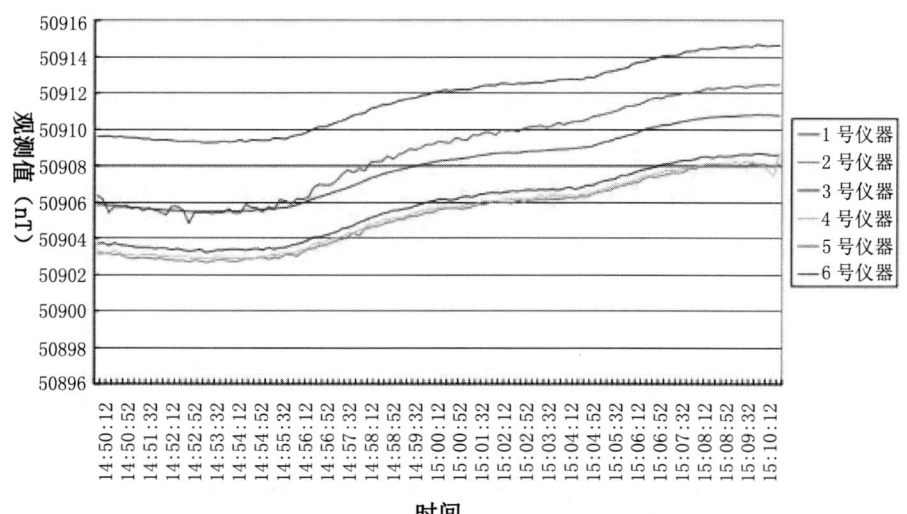

图 5-4 测区施工开始前仪器噪声试验结果

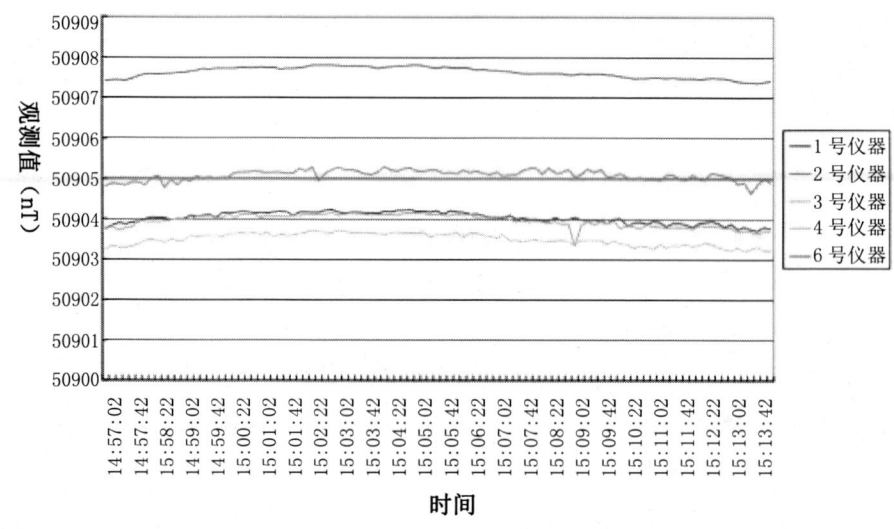

图 5-5 测区施工结束后仪器噪声试验结果

表 5-3 各台仪器噪声水平均方根误差　　　　　单位：nT

时间\仪器	1# (GSM-19T)	2# (GSM-19T)	3# (GSM-19T)	4# (GSM-19T)	5# (GSM-19T)	6# (GSM)	设计精度
开工前	±0.13122	±0.13006	±0.121	±0.19372	±0.62583	±0.12533	±1
收工后	±0.05717	±0.1	±0.09572	±0.04414		±0.03554	±1

分析开工前各台仪器噪声水平检测，6号仪器误差较小，选作日变仪器；5号仪器与4号仪器的误差较大，选作备用仪器；在野外观测过程中没有用到5号仪器，因此收工后的噪声水平检查没有进行5号仪器的观测。

（三）观测误差

在日变点附近选取一条长为250m的观测误差剖面，点距5m，参与测量的各台仪器在开工前和开工后都在这些点上做往返观测，观测值经日变改正后，按以下公式计算各台仪器的观测均方根误差

$$\varepsilon_1 = \pm \sqrt{\frac{\sum_{\rho=i}^{N} \delta_\rho^2}{2N}}$$

式中：

ε_1：仪器观测均方根误差，单位为nT；

δ_ρ：某仪器第 ρ 点前后观测值之差，单位为nT；

N：测点数。

本区开工前及收工后各台仪器的观测均方根误差统计结果见表5-4。

表5-4 各台仪器噪声水平均方根误差　　　　　单位：nT

时间\仪器	1# (GSM-19T)	2# (GSM-19T)	3# (GSM-19T)	4# (GSM-19T)	5# (GSM-19T)	设计精度
开工前	±0.391322	±0.103204	±0.360204111	±0.682851	±0.438412	±2
收工后	±0.141923	±0.219579	±0.136876	±0.462145		±2

（四）仪器一致性试验

各仪器一致性用总观测均方根误差衡量，计算公式如下：

$$\varepsilon_1 = \pm \sqrt{\frac{\sum_{i=1}^{2N}\sum_{i=1}^{M} V_{i,j}^2}{2M \cdot N - N}}$$

式中：

ε_1：仪器一致性均方根误差，单位为nT；

$V_{i,j}$：第 j 台仪器在 i 点往或返的观测值与所有仪器在该点的观测值的平均值之差，单位为nT；

M：仪器的台数；

N：观测点数。

野外施工开始前和结束后，均对各台仪器进行了一致性检验。在该试验选取50个观测点，用这5台仪器进行重复观测，开工前和施工结束后一致性均方误差分别为0.2872 nT和0.4509 nT。由计算所得数据可以看出，各台仪器开工前及收工后性能均良好，满足设计精度小于等于 2 nT 的要求，能保证测量数据可靠。

第三节　磁法数据处理

许多地方开展矿产勘查工作时，经过航空磁测和地面磁测得到的数据会经常使用到，它们被称为基础资料。这些资料中的磁异常称为一次标志。为了磁法勘查工作的顺利进行，常常对这些异常进行专业的数据处理，以提取对预测矿产有用的标志，例如：化极后的磁异常，向上向下延拓不同高度、不同方向的水平导数的零值线等。这些常常称为二次标志。

磁法数据处理和转换的目的是：

（1）使实际异常满足或接近解释理论所要求的假设条件。例如：把叠加异常分解为孤立异常，即把复杂异常处理成简单异常，以便于解释。

（2）使实际异常满足解释方法的要求。例如：由磁场某单分量测量结果换算其他分量的值，斜磁化换算成垂直磁化等等，从而可以提供多方面的异常信息来满足一些解释方法本身的要求。

（3）突出磁异常某一方面的特点。例如：通过向上延拓等方法来压制浅部磁性体的异常，相对突出深部磁性体的异常；通过方向滤波或换算方向导数来相对突出某一走向方向的磁异常特征等。

目前磁异常的处理与转换的内容主要有圆滑和划分异常（如区域场与局部场的分离）、磁异常的空间换算（向上延拓等）、分量换算（由实测异常进行各分量之间的互算）、导数换算（由实测异常计算垂向导数、水平方向导数等）、不同磁化方向之间的换算（如化磁极）等。

一、数据预处理

数据预处理包括日变改正、剔除干扰数据、高度改正、水平梯度改正等。工区各测点的 ΔT 磁异常值由以下公式得到

$$\Delta T = T_c - T_0 + \Delta_R^T + \Delta_T^T + \Delta_G^T$$

式中：

T_c：观测点读数，单位为 nT；

T_0：基点磁场值，单位为 nT；

Δ_R^T：日变改正值，单位为 nT；

Δ_T^T：水平梯度改正值，单位为 nT；

Δ_G^T：高度改正值，单位为 nT。

日变改正是根据日变曲线和测点观测时间，对观测数据进行改正。每天野外工作结束后，将测点观测磁力仪数据与日变观测磁力仪中的数据传入计算机，用仪器自带的程序 GEMLinkW 3.0 进行日变改正。

（一）剔除干扰数据

该工作区内自然村落比较多，干扰因素很多。在野外实测过程中，详细记录了这些干扰因素。由于这些干扰因素引起的异常需要经过判断，如果异常出现较大变化，则剔除这些点的数据，通过数据网格化插值补齐。

大部分磁测数据会保存在文本文件中，为了计算方便，往往把这些数据复制到 Excel 文件中进行处理。如果逐个点对照去找干扰点，工作量比较大，而且容易出错。因此，用 VBA（Visual Basic for Applications）编写了一些小程序来帮助查找并剔除干扰数据。

野外观测时，因种种原因，有些测点没有办法接近进行测量，有时候需要统计这些点的信息，如果仅通过对照野外记录进行统计，费时费力。因此，利用 VBA 编写了一个程序，用绿色背景来标注遗漏的测点。在磁测原始数据中，没有这些测点，所以需要在程序中进行插入的操作。

（二）磁测数据与 GPS 数据合并

野外观测到的磁法数据往往只包括测线号、测点号、时间、磁测数据等信息，在进行数据处理与解释时需要和测点的坐标、高程等 GPS（Global Positioning System）机测到的信息放在一起。以往经常是把磁力仪与 GPS 机中的数据导入到 Excel 文件中进行合并，这样既费时又不容易检查出错误的信息，为此编写了磁测数据与 GPS 数据合并的程序，程序同时能够进行高度校正与水平梯度校正的计算。

（三）高度改正与水平梯度改正

1. 高度校正

高度改正计算公式为

$$\Delta_G^T = -\frac{2T_0}{R}(H_0 - H_C)$$

式中：

Δ_G^T：高度改正值，单位为 nT；

T_0：测点正常场值，单位为 nT；

R：地球平均半径，取值 6371200，单位为 m；

H_c：测点高程，单位为 m；

H_0：基点高程，单位为 m。

实际处理时，按上式编写程序，直接对日改后磁测数据进行高度改正。

2. 水平梯度改正

采用坐标计算法进行水平梯度改正，通过计算测区地磁场 T_0 值沿南北方向的平均磁场梯度值 K_x 和沿东西方向的平均磁场梯度值 K_v，然后根据公式以及测点坐标和基点坐标计算水平梯度改正值

$$\Delta_T^T = K_x(x_{测} - x_{基}) + K_v(y_{测} - y_{基})$$

式中：

K_x：南北向水平梯度改正系数，单位为 nT／m；

K_v：东西向水平梯度改正系数，单位为 nT／m；

$x_{测}$：测点横坐标值，单位为 m；

$x_{基}$：基点横左标值，单位为 m；

$y_{测}$：测点纵坐标值，单位为 m；

$y_{基}$：基点纵坐标值，单位为 m。

二、数据网格化

大部分的数据处理程序都要求输入网格化的数据，而实际测网往往不一定规则，这就需要对数据进行网格化。数据网格化包括三方面的内容：一是对重复观测的测点进行超差处理，求平均数；二是对无数据的测点进行插值；三是将测网边部的不规则部分扩充为规则的测网。数据网格化的基本功能，是遵循所研究变量的空间变化趋势，将空间上分散的数值转换成规则分布的网格数值，可压抑局部噪音，弥补空白网格的数值；同时，为不同变量的综合及对比提供划一的空间结构，以更加完整和充分地反映客体变量的空间模式。

在本矿区的地面高精度磁测施工过程中，由于地形、地理等客观原因，例如池塘、河流、房屋、悬崖等，这些地方的测点不能进行数据采集，造成实测点分布不均匀。而在数据处理的过程中又需要数据遵循均匀法规则分布，因此必须对不规则网格上的实际数据进行处理，换算成规则网格节点的数据。它的本质实质上是对不规则数据采集点进行插值。

高精度磁法工作中，要想反映磁场特征并圈定异常区，需借助 ΔT 等值线图。美国 Golden 软件公司的 Surfer 软件，其功能强大，界面友好，绘制的等值线平面图准确美观，速度快，可任意填充颜色，可用多种格式导出图形，在地质、矿业等领域得到了广泛应用。Surfer 软件提供 12 种网格化方法，不同的网格化方法，产生不同的绘图效果。根据地质地球物理特征及数据本身特点，选择合适的网格化方法，有利于正确研究、分析目标体。

绘制高精度磁测 ΔT 等值线平面图，要求保证网格化的精度、产生的等值线较为圆滑、利于异常解释，葛志广等通过实验证明克里金插值法、最小曲率法、线性插值三角网法网格化绘制的等值线图，使得其处理图形的灰色区域负异常呈"脊"状分布，绘图效果较好。张晓明等的试验结果表明采用克里金插值方法构建的地磁图能够较为准确地反映局部地区地磁信息，有效地解决了地磁导航中数字地磁图的生成问题，为地磁导航技术研究提供了基准。

第四节　河南省某铁矿区可控源音频大地电磁法勘探

一、工作仪器

本次在河南省某铁矿区的可控源音频大地电磁法探测用的是 GDP-32 II 多功能电法站，它是由美国 Zonge 工程公司开发的第四代可控源和天然场源电法和电磁法探测多通道接收机。GDP-32 II 接收机集成化，全功能，多通道，可做直流电阻率法（Res）、直流域激电法（TDIP）、交流激电法（FDIP）、复电阻率法（CR）、可控源音频大地电磁法（CSAMT）、谐波分析可控源音频大地电磁法（HACSAMT）、音频大地电磁法（AMT）、大地电磁法（MT）、瞬变电磁法（TEM）和毫微秒瞬变电磁法（Nano TEM）等。

Zonge 公司提供的发射机最大的特点是稳流精度高，使用石英钟同步，可选配 GPS 同步。GGT 系列发射机由发电机提供动力，大功率和中功率的稳流精度为±0.2%，小功率的稳流精度为±0.1%。这样的精度是世界上同功率发射机的最高精度。为了方便野外勘探，Zonge 公司研制了独立的瞬变电磁和纳米瞬变电磁系统发射机。这两种发射机仅仅需要汽车电瓶供电，使整套设备更加轻便。Zonge 公司的发电机为 GGT 系列发射机提供动力。400Hz 是它独有的特点，使得在同等功率的条件下，发电机的体积更小，电流输出更稳定。

Zonge 拥有自己研发的电磁法探头。这些探头灵敏度高，在可控源、瞬变电磁、大地电磁、音频大地电磁法中保证了高质量的数据。

经过长达 30 多年的电法和电磁法研究，Zonge 公司理论结合实际工作，研发出一整套的电法和电磁法正反演软件，其拟合结果精确，可直接导入 surfer，技术水平居世界前列。其中的 SW-SCS2D，即音频电磁二维正反演，适用于 MT / AMT / CSAMT 方法一维、二维正反演软件。一维和二维共同反演，结果可相互参照。

二、测线布置

结合当地地质情况及磁测结果,选取两条比较典型的剖面(C1 线、C2 线)进行可控源音频大地电磁法勘探。其中,C1 线穿越了磁测数据正负异常成对出现的异常区,从南到北穿越正最大异常部位和负异常较大部分,基本覆盖了该异常的大部分异常区;C2 线穿越了较为平缓的磁测结果正异常区,从南到北穿越了低异常、高异常、低异常,最后到达磁异常 0 值线。

测线自南向北布设,与磁测工作线重合;两条测线各点之间距离为 40m,两线之间距离为 6.9km。测点编号从南向北从 0 开始,以 2 递进。C1 线共 41 个测点,编号从 0 到 80;C2 线共 40 个测点,编号从 0 到 78。

测线 C1 的 AB 极矩为 1.4km,测线 C2 的 AB 极矩为 1.2km。

可测扇区的夹角(θ)均≤30°。

工作频率范围从 1Hz 到 8192Hz,以 2 倍递增,共 27 个频率,每个频率至少测 3 次数据。

三、完成工作量及质量评价

工作区内完成测点数 81 个测点,检查点 7 个(其中 C1 线 2 个点,C2 线 5 个点),占总测量点的 8.64%,满足 5% 的要求。

检查点是在同一坐标位置、相同场源、相同或不同仪器、不同日期、不同操作员进行的重复采集点;检查点在测区内分布均匀;检查点两次观测的相应视电阻率应形态一致,对应频点的数值接近,相对均方差 m 小于 5%。本次检查点总的视电阻率平均均方相对误差 4.69%,工作质量满足相应规范要求。

相对均方误差 m 按以下公式计算

$$m = \pm \sqrt{\frac{1}{2n} \sum_{i=1}^{n} \left(\frac{A_i - A_i^{'}}{\overline{A}} \right)^2}$$

$$\overline{A} = \frac{A_i + A_i^{'}}{2}$$

式中：

i——频点号（$i=1, 2, 3, \cdots, n$）；

A_i——第 i 个频点的视电阻率，取 3 次观测的平均值；

A_i'——第 i 个频点检查观测的视电阻率，取 3 次观测的平均值。

四、数据处理

数据处理与解释的目的是：通过高精度磁测确定工作区内成矿有利地段，在成矿有利地段采用可控源音频大地电磁测深方法对矿（化）体进行定位预测，利用可控源音频大地电磁测深反演电阻率，结合其他资料进行地质解释，为钻探（其他工程）验证提供依据的找矿方法。

此次所采集的数据重复性好，采集数据离差小，数据处理过程如下：

（一）数据编辑与平滑

对测点中偏离大、明显畸变的数据进行平滑；对曲线首尾支畸变严重的频点，参考相邻测点予以校正。对原始数据中个别点的磁场振幅进行了修改，因为有几个频点磁场振幅跳动比较大，很明显是错误的，相位有一组磁探头反向，致使相位错误，并进行修改。

（二）数据预处理

用 Zonge 公司软件进行分离及数据平均处理，得到一组相关数据；用画图软件显示数据曲线，对个别不对的数据进行参照修改，保留原始数据。

（三）静态位移校正

根据已知地质资料和原始断面等值线图及地形起伏情况，判断静态位移现象，并进行静态位移校正。对由于地表不均体引起的异常进行修改，用程序做静位移改正，针对数据质量好坏及反演图形状态进行数据修改或程序处理。

（四）反演处理

以原始数据反演结果，作为主要参考信息。对处理完的数据反演，对比原始结果，在符合原始数据形态前提下，仅改变图形中的畸变点数据，从而达到较好的反演效果。

第五节　河南省某铁矿区综合地球物理勘探数据解释

一、磁法数据正演模拟

根据所推断的异常体，利用 RGIS 2009 软件在其中选择 2 个异常区中从南到北各一条剖面，进行正演模拟。

（一）M2 异常区剖面半定量解释

剖面 1 位于 M2 异常区，剖面长度 2200m，剖面从南向北提取，Y 轴坐标为 19740000m，X 轴坐标从 3685800m 到 3688000m。

图 5-6 中红色曲线为实测数据经化极后的数据所成，绿色曲线为下方等效模型正演曲线，通过调整模型的大小、埋深、磁性参数使得两条曲线拟合在一起。

图 5-6 中，有一圆形等效地质模型，此为强磁性体，磁强度为 $800 \times 0.01 A/m$，磁倾角垂直地面向下，其埋深在地下 350m 左右，半径为 200m 左右。通过正演模拟，能够推测引起 M2 异常的磁性体埋深较浅，磁强度较大，在南北向的宽度大约为 400m；东西向的宽度由 M2 异常区东西向的走向决定，可以推测其东西向的宽度大概有 2000m。

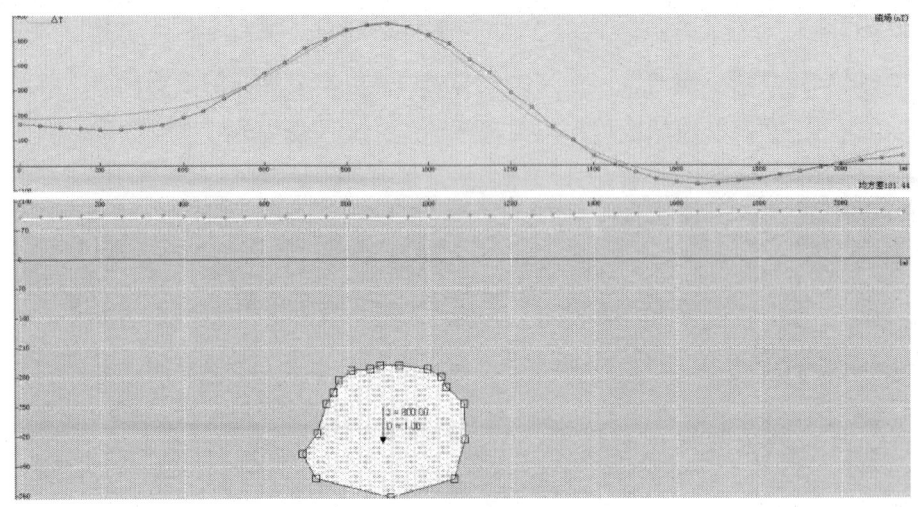

图 5-6　剖面 1 正演模拟结果图

（二）M5 异常区剖面半定量解释

剖面 2 位于 M5 异常区，剖面长度 1300m，剖面从南向北提取，Y 轴坐标为 19745700m，X 轴坐标从 3685000m 到 3686300m。

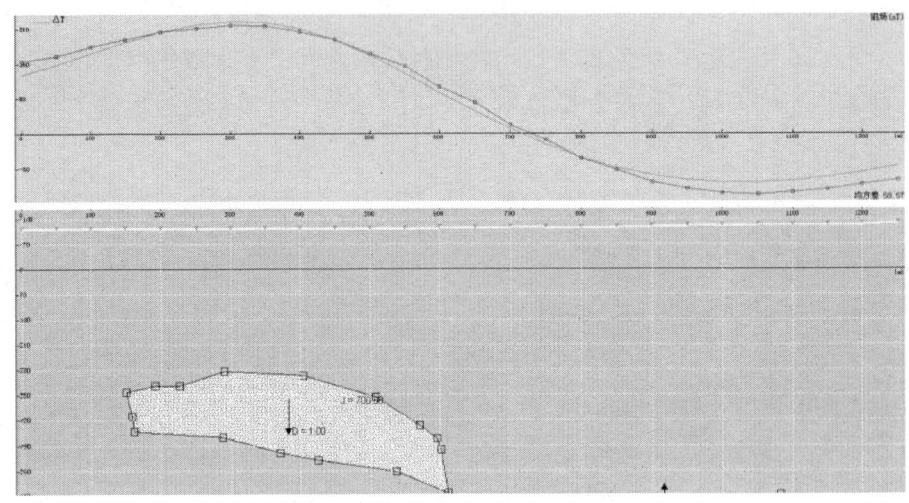

图 5-7　剖面 2 正演模拟结果图

图 5-7 中，有一狭长形等效地质体，埋深大约为 350m 左右，磁强度为 700×0.01A／m，磁倾角垂直地面向下，南北长度大约为 500m，宽度为 100m

左右，稍向北倾斜；通过正演模拟，能够推测出 M5 异常由埋深较浅的强磁性体引起，且磁性体南北向宽度约为 500m，且向北有所倾斜。

在做正演、反演模拟计算时，同样的曲线可能由不同形状及不同埋深的地质体作用形成，反演问题具有多解性和不稳定性，因此利用这种方式进行地下矿体推断只能作为参考。

二、地球物理信息综合处理

电法资料解释主要根据电阻率的相对变化，结合已知地质资料进行综合推断。实测资料结果表明，区内矿体主要为磁铁矿、赤铁矿等，矿体电阻率低，磁化率较大。主要围岩为相对高阻且磁性较大的闪长岩。矿体多赋存于断裂破碎带内或者侵入火山岩两侧热交互带内。

地下地质情况往往较为复杂，其电（磁）性分布可能会出现多种多样的表现形式，所以电法资料解释应与已知地质资料及磁测资料密切结合，采用从已知到未知的解释方法。当已知资料较少时，其解释推断往往存在较大的多解性。

在以往的地质勘探中，在磁测数据 ΔT 异常平面图中的 M2 异常区西半部分曾经布设一钻孔，在地下 167m 处见厚度较大的闪长岩岩体，地下 228m 处见北大尖组的石英砂岩等。

可控源音频大地电磁法的两条测线沿南北向布设，两条测线处均为第四系覆盖，没有明显矿体露头。通过分析磁测数据 ΔT 异常曲线及其化磁极曲线和可控音频大地电磁测得的电阻率，可推测地下的地质构造信息。

第六章　九瑞、铜陵集矿区综合地球物理研究

第一节　区域地质概况及成矿规律

长江中下游成矿带是我国东部的重要成矿带，素有东部"工业走廊"之称。长江中下游成矿带包含了7个大型矿集区，从北东到南西依次为宁镇（Cu-Fe-Pb-Zn）、宁芜（Fe）、铜陵（Cu-Au）、庐枞（Fe-Cu）、安庆—贵池（Cu）、九瑞（Cu-Au）和鄂东南（Fe-Cu）。铜陵和九瑞矿集区同属于长江中下游成矿带中褶皱隆起区且与富钾闪长岩系有关的铜、金矿集区，具有统一的盖层演化史和中生代岩浆活动史，因此两个矿集区具有很高的可对比性。

一、区域自然地理

研究区分为两部分，分别位于长江中下游成矿带的九瑞和铜陵矿集区内。其中九瑞矿集区的地理坐标为经度115°30′～116°00′；纬度29°30′～29°50′；铜陵矿集区内的工作区域位于经度117°，纬度31°附近。

长江中下游矿集区是我国东部重要的工业走廊，为我国的经济建设做出了巨大贡献。长江中下游地区属于北亚热带湿润季风气候。气候温暖湿润，春夏多雨，盛夏炎热，秋季干旱，冬季温和，无霜期长，四季分明。春季温度适中，降雨适宜；夏季天气炎热，雨热同季，经常会有雷阵雨出现；秋天

气候适宜出行，降雨较少，空气新鲜；冬季比北方城市温暖，平均气温在5℃左右。

区内交通便利，铁路和公路四通八达，还有长江过江大桥以及长江水道，区内已基本实现村村通工程，各乡、村均有公路相通。全区有移动信号覆盖，现代通讯联络方便。

矿集区矿产资源丰富，不仅矿种全，而且储量大。矿种以铜多金属矿为主，还有金、银、铁、煤、硫、磷、石灰石等矿种。

农业生产以粮食和经济作物为主。粮食作物有水稻、小麦等；经济作物主要有棉花、大豆、油菜、花生、芝麻、茶叶、苎麻、油桐、大蒜、生姜等。

据初步调查，区内水域的鱼类有8目15科44种。其中商品鱼类有青鱼、草鱼、黄鲢鱼、白鲢鱼、鲤鱼、鳊鱼、团头鲂、黄鳝、泥鳅等。珍贵鱼类有鲚刀鱼、银鱼、鲟鱼、鳜鱼、鲥鱼、鳗鱼等。鳖、龟、蚌、螺、虾、螃蟹等品种资源也很丰富。稀有水生动物有白鳍豚、江豚、扬子鳄等。野生珍稀兽类有金钱豹、穿山甲、小灵猫等14种，禽类有天鹅、白鹭、鸳鸯、雉鸡、黄鹂等20余种。良种畜禽有城门滨湖黑猪、江洲滨湖水牛和九江小麻鸭。

区内查出确定学名的88科600余种。其中，观赏植物、园院及行道绿化乔木类36种，灌木类33种，绿化观赏竹类17种，蕨类60余种，草木类34种，水生类10种。药类约1400余种。

区内工业大抵是20世纪70年代起步，已初步形成以建材、纺织、食品、冶金、化工、电子机械、家具、服装为支柱的地方工业体系。

二、勘探概况

自新中国成立以来，长江中下游地区投入了大量的区域地质调查、物探、化探、遥感、矿产勘查等工作，取得了丰硕的找矿成果。大部分地区已经完成了1∶5万区域地质调查工作，其中约有三分之一的图幅完成了区域矿产调查工作，中大型矿区及某些小型矿区外围还进行过大于1∶2.5万比例尺的矿区地质填图或区域综合地质调查。新一轮国土资源大调查工作开展的1∶25万区域地质工作已全面部署，完成了大部分图幅，在安徽无为—和县地区还开展了 5 幅第四系覆盖区 1∶5 万地质填图示范工作。

区内大部分地区（面积 48 万余平方千米）完成了中小比例尺（小于 1∶10 万）的区域物化探工作，部分地区完成了 1∶5 万高精度航空磁测工作，围绕大型矿集区开展了 1∶5000～1∶25000 地面磁测工作，如庐枞泥河地区 1∶2 万磁法测量工作和大冶地区 1∶1 万高精度航空磁测工作已完成。全区 1∶10 万区域重力测量已完成。在一些地区还开展了 1∶10 万～1∶2.5 万航电和地电测量、地面放射性测量、地震测量；在重要矿田完成了约 2 万平方千米的 1∶5 万重、磁、化、遥综合调查工作。如狮子山矿田开展了 1∶1 万地面重力、地磁、大极距激电测量等综合物探工作，大冶地区完成了 1∶1 万高精度航空磁测 300km²。区内完成大地电磁测深（MT）剖面 15 条，总长度约 4250km。完成小于 1∶10 万比例尺的化探面积 65000 余平方千米。

区内矿产勘查工作历史悠久，不同尺度的工作覆盖整个长江中下游地区，已取得了重大成果。自 20 世纪 50 年代以来，区内发现并勘查了一大批铜、铁、铅、锌、金、银等大中型矿床，特别是 20 世纪 50 至 60 年代的铜矿和 20 世纪 70 年代铁铜矿三次大规模勘查，形成了区内数十个大型铜、铁矿矿集区，而 20 世纪 80 年代后又进入了金矿勘查热潮，发现了大量的矿床和矿点。全区开展矿产勘查的面积约 63503.24km²，详查的面积约 4487.45km²，勘查矿区的面积 441.7km²，资源勘查面积 159027.43km²，资源评价面积 107240.83km²。九瑞铜多金属矿集区已有大型矿 3 处、中型矿 5 处、型矿 5 处，以及邓家山、铜溪冲、通江岭等矿点 40 多处。九瑞矿集区内已达详查—勘探工作程度的矿产地有城门山铜钼矿、武山铜矿、洋鸡山金矿、丁家山铜矿、吴家金银矿、尖峰坡锡矿、曾家垄锡锌矿、张十八大型铅锌矿；已达普查工作程度的矿产地有宝山铜矿、仙姑山铜矿；北部地区的地球化学异常基本上都做了查证，南部大多还未进行查证。铜陵地区已发现各类金属矿床（点）153 处，其中大型矿床 2 处、中型矿床 19 处、小型矿床 33 处、矿点 59 处、矿化点 30 处，先后投入了 113 项普查以上的矿产勘查工作，探明了以铜官山、狮子山、凤凰山、新桥、冬瓜山、马山等为代表的一大批大—中型矿床。矿种以铜、硫、金为主，次为铅、锌、银、锰、铁、钼、锑等。主要矿床类型为矽卡岩型、层控热液叠改型、斑岩型，钻探工作量达到 200 多万米。

三、区域地质特征

长江中下游（又称下扬子）地区基底属扬子克拉通的北缘，具有明显的"一盖多底"的结构。震旦系—志留系为稳定的陆表海碳酸盐岩→碎屑岩相沉积，加里东期隆起成陆，缺失下—中泥盆统。海西期开始沉积了上泥盆—下三叠统的碎屑岩、碳酸盐岩和海陆交互含煤系建造，期间剧烈的升降运动形成了多个平行不整合面，造成下石炭统部分地层缺失，而在上石炭统底部形成块状硫化物层，在二叠系形成孤峰和大隆组深水硅质岩。中三叠统受印支运动影响，主要为局限海含膏盐碳酸盐岩沉积，之后开始大规模褶皱隆升，至中侏罗世发育陆相盆地沉积。上侏罗统—下白垩统为燕山期大规模构造—岩浆活动形成的一套钙碱性—碱性火山岩、火山碎屑岩建造，指示本区进入陆内伸展构造环境。

长江中下游地区在构造上位于大别—苏鲁超高压（UHP）变质带的前陆。北西以襄樊—广济深断裂、郯庐左旋走滑断裂为界，南东以阳新—常州断裂为界，总体上呈北西狭窄、北东宽阔的"V"字形地带。长江中下游成矿带经历了两次重大的构造事件，控制了区内的中生代地质演化与成矿。其一：三叠世时期（印支运动），长江中下游位于大别山—苏鲁碰撞造山带的前陆，属前陆褶皱—冲断缩短带，其中三叠纪地层卷入强烈的褶皱和冲断变形，缩短量约46%。这一期构造事件构筑了区域主变形格架，形成区内诸构造线方向。印支运动的构造变形包括三次强烈变形幕，其标志分别是始于中三叠世末，以黄马青群与下伏海相地层的角度不整合为代表、以早侏罗世象山群下段与下伏黄马青群之间的角度不整合为代表和以象山群上段与上覆地层之间的区域性角度不整合为代表。其二：晚侏罗世陆内造山事件（燕山运动），长江中下游中侏罗世地层卷入变形，强烈地改造了印支运动构造变形面貌。地壳伸展，郯庐断裂大规模的左行平移运动以及巨量岩浆上涌和喷发，形成了长江中下游铁铜金成矿带。长江中下游的成矿作用对应着早白垩纪的伸展和岩石圈减薄阶段。

（一）九瑞矿集区的地质特征

1. 地层

九瑞矿集区位于长江中下游成矿带的转折部位，是矿带内最狭窄的部位。其北西侧为大别山造山带，以北东向郯庐断裂带、北西向襄樊—广济断裂带为界；南以江南深断裂与江南古陆为邻。矿集区内基底地层为中元古界双桥山群厚度巨大的深海—浅海相渐变浅变质岩系。出露的盖层有奥陶系中上统碳酸盐岩、志留系上统砂页岩、上泥盆统五通组含砾石英砂岩、中石炭统黄龙组白云岩和灰岩、二叠系和三叠系下中统碳酸盐岩、下第三纪紫红色沙砾岩及第四纪松散沉积物。其中基底地层的成矿元素 W、Cu、Zn 丰度较高，是重要含矿层位和含 W 花岗岩的岩源层。震旦系—寒武系均赋存含 Cu 沉积建造，对该区岩浆热液的成矿作用很可能提供了部分"矿源"。奥陶系—三叠系为该区重要的铜、金赋矿层位，局部（黄龙组与五通组的过渡部位）黄铁矿化、金褐铁矿化及铅锌矿化强烈，是层状硫化物型矿床的重要赋矿建造。

2. 构造

九瑞矿集区曾经历了扬子与华北陆块碰撞、燕山期的陆内造山和燕山期后的陆内伸展断陷三个发展阶段。燕山期的陆内造山（板内变形）是区内盖层构造变形的主要时期，新老地层在同一大型盆地内同步褶皱并组合在相同的共轭褶皱系统中，同时伴随强烈的岩浆侵入、火山活动与成矿作用。燕山期后，区内进入陆内变形阶段，强度相对减弱，主要表现为盆缘褶断和盆缘推覆变形等。矿集区内褶皱断裂构造发育，六个轴向近于平行的背斜、向斜组成紧密线状褶皱带。褶皱相对紧闭，常见倒转，轴向北北东，自北而南有通江岭—邓家山复式向斜，大桥—宝山复式背斜，黄桥复式向斜，丁家山—大冲背斜，塞城湖—乌石街复式向斜和城门山—长山背斜等。矿集区内断裂构成菱形网络结构，控岩控矿构造为：

（1）无复合的 NE 和 NW 向断裂，结构较简单。受其控制的岩体多呈脉状、透镜状或不规则状，延伸有限。与其有关的成矿作用主要为黄铁矿化，局部有黄铜矿化，矿化强度较弱，围岩蚀变以硅化为主。

（2）具有交差特征出现的两组断裂。伸展构造所形成的 NE 向滑脱剥离断层与挤压构造所形成的 NW 向断裂所交叉出现的是对成矿有意义的构造。受其控制的岩体多呈倒水滴状，岩性主要为花岗闪长斑岩、花岗斑岩与石英斑岩等。与其有关的成矿作用主要为矽卡岩型，其次为斑岩型和热液型，以铜、硫、铝、金矿化为主。矿化范围广，矿床规模大，是矿集区内主要控矿构造之一。

（3）NE 向压扭性断裂与 NW 向张性断裂的复合。受其控制的岩体分布较广，多呈脉状、似层状，延伸长。主要岩性为闪长玢岩、石英斑岩和花岗闪长玢岩等。与其有关的成矿作用主要为热液脉状矿床，以铅、锌、银、铜、金等矿化为主。围岩蚀变主要为硅化、碳酸岩化。矿床规模以中、小型为主。

（二）铜陵矿集区的地质特征

1. 地层

本区位于扬子板块北缘，为秦岭—大别造山带前陆褶皱带中的下扬子坳陷带中部铜陵凸起中，在地层区划上属扬子地层区的下扬子分区。区内地层从志留系至第四系均较发育，岩相主要为海相、滨海相碎屑岩、碳酸盐岩、硅质岩和陆相碎屑岩夹火山岩系，其中碳酸盐岩最为发育，累计厚度可达 1500m 以上。根据地层组成特点，可将其分为两大套：第一套地层主要是海相碳酸盐岩和碎屑沉积岩，间夹有海陆交互相和少量陆相沉积，构成了区内的沉积盖层，时代为早志留一中三叠世；第二套地层主要由陆相碎屑岩夹火山碎屑岩系组成，系板内变形阶段的产物，时代为中三叠世至第四纪。

2. 构造

本区位于下扬子构造带中马鞍山—贵池隆褶带中部。地块南北两端分别以近东西向隐伏基底断裂带为界，与贵池、繁昌两个北东向 S 状褶皱带相隔；东西两侧分别以北东向大断裂带为界，与宣（城）南（陵）拗陷、长江拗陷等中新生代沉积盆地为临。

本区构造格局由多期不同方向、不同性质的构造变形相互叠加而成。除存在前印支期和印支期构造外，还发育有燕山—喜山期构造，主要构造有北东向、东西向、北北东向、南北向和北西向五组，构成了区内复杂的构造变形图像。

本区经历了活动—稳定—再活动（化）的漫长构造演变。前震旦纪以砂泥质复理石建造为主的沉积物经受区域变质和构造变形后构成褶皱基底。晋宁运动后，处于相对稳定时期，以升降振荡运动为主，形成了巨厚的海相（间夹海陆交互相）沉积，为本区矿化奠定了沉积基础。印支末期，扬子板块和华北板块发生碰撞，大别地块向南仰冲，本区盖层受到强烈侧向挤压，形成弧形褶皱系统，使华北板块和扬子板块联合成统一板块。此后本区在太平洋板块向欧亚板块俯冲作用下转入强烈的板内变形阶段。燕山期，构造和岩浆活动活跃，带来了丰富的成矿物质，提供了有利的成矿空间，使本区受到了岩浆—热液的叠加改造作用。由于本区地壳运动发展的特殊性，本区形成了既有外生又有内生铁铜硫金等矿产产出的成矿区域。

区内主要受北北东向变形系统与北东向、东西向等变形系统复合效应的控制。在平面上，受北北东向和南北向构造与北东向构造复合交叉点的控制。在剖面上，主要受北北东向变形系统扭转变形与北东向褶皱构造控制。

3. 岩浆岩

铜陵地区岩浆活动十分强烈，地表出露的小岩体约有70多个，多呈中—浅成相的小岩体、岩枝或岩墙产出，剥蚀成度较浅。近年精确的同位素定年证明与区内成矿有关的侵入岩主要形成于晚侏罗世（145～137Ma），为一套高钾钙碱性岩石系列，主要岩石组合为辉石二长花岗岩—花岗闪长岩—石英二长闪长岩—二长岩。从地表小岩体展布形态来看，单个小岩体长轴呈北东、北北西、北北东和近南北等多方向延伸。工区内岩体主要为石英闪长二长岩和闪长玢岩，长轴呈北东向展布。岩体的长轴方向与本区地表发育的断裂构造相对应，说明主要受断裂构造控制。

四、区域成矿特征与成矿规律

长江中下游成矿带包含了7个大型矿集区，在0～500m的主要容矿、控矿层各有不同（或侧重）。根据与构造、地层和岩浆岩的关系，矿集区可分为三类：（1）庐枞和宁芜矿集区，产于断陷火山岩盆地与富钠闪长岩系有关的铁、铜矿集区，主要容矿层为侏罗系上统和白垩系下统之间；（2）铜陵、九瑞、安庆—贵池和宁镇矿集区，产于断块褶皱隆起区与富钾闪长岩系有关的铜、金矿集区，主要容矿层为五通组和黄龙组之间；（3）鄂东南，产于隆起与拗陷过渡区，主要容矿层为中三叠统东马鞍山组。由于长江中下游成矿带具有统一的盖层演化历史，分布稳定，大范围具有可对比性，而且中生代岩浆活动强烈，并贯穿于各构造单元，三类矿集区在晚三叠纪以前具有相同的成矿地质环境，应该发育成相同的成矿系统，只是晚三叠纪以后由于隆凹格局和剥蚀深度的变化，才出现了形式上与隆起和拗陷关系密切的三类矿集区。

在长江中下游成矿带，上石炭统黄龙组底部是一个重要的赋矿层位。该层位控制的矿床金属储量占整个成矿带的54.4%（Cu）、28.78%（Au）、25.59%（Mo）、73.69%（Pb）、69.30%（Zn）。铜官山、冬瓜山、新桥、城门山、武山等大型矿床都产于该层位。不过对这些矿床的成因却长期存在不同的认识。铜官山铜矿床主要产于黄龙组碳酸盐岩与燕山期中酸性侵入岩接触带附近，最初被认为是接触交代形成的矽卡岩型矿床。松树山和冬瓜山等产于黄龙组底部的层状铜硫矿床，因矿体中伴有大量矽卡岩而被认为是层控矽卡岩型矿床，但矿体组合、矿石结构构造及硫同位素特征却显示早期存在同生沉积的矿胚层，后期被岩浆热液叠加改造。随着新桥、桃园和峙门口等一批块状黄铁矿矿床的发现，认为海底喷流沉积是形成这套层状矿床的主因，但出现了与火山作用相关和与火山作用无关的不同认识。

铜陵地区的深反射地震发现靠近长江断裂带下地壳具有明显的水平多层强反射，一般认为下地壳水平的强反射是伸展环境下玄武岩浆多次底侵的结果，下地壳流动变形增强了它的反射性。对玄武岩底侵作用的解释之一，是增厚的下地壳拆沉作用引起的。元素和同位素地球化学研究表明：长江中下游地区从鄂东南的大冶—阳新（铁山、铜绿山）、皖东南的怀宁—庐江—铜陵（月山、沙溪、铜官山）到江苏的宁镇（安基山）地区，诸多中酸性侵入岩具有与埃达克（adakite）岩石类似的地球化学特征：高 Al_2O_3、Sr、Sr／Y、La／Yb，富 Na 和低 Y、Yb。宁镇安基山侵入岩还具高 MgO 和 $Mg^\#$ 值。这些岩石学特征也支持下地壳拆沉、底侵的动力学过程。

(一) 九瑞矿集区成矿类型及成矿规律

九瑞矿集区是长江中下游上叠式构造区,即燕山运动的变形直接叠加在印支褶皱带上。区内成矿时间在燕山期不同阶段构造—岩浆演化过程中,随着岩浆由闪长岩、石英闪长(玢)岩→花岗闪长斑岩→石英斑岩的演化,依次出现 Au、Ag(Pb、Zn、Cu、S)→Cu、S(Au、Ag、Pb、Zn)→Mo(Cu)的成矿序列,其中与第二次侵入的花岗闪长斑岩有关的成矿作用占主导地位。岩石建造对赋矿裂隙的发生发展,矿液的渗滤、屏蔽、沉淀,以及成矿作用方式和矿床类型等具明显的控制作用。岩性差异面(即原生构造软弱带)为矿液的运移和沉淀提供了有利的空间,如城门山、武山矿区泥盆系五通组砂岩和黄龙组灰岩间的似层状硫化物矿体等。同时,铜、金成矿对岩石建造具有选择性富集特征。

岩性对矿床类型具有明显的控制作用。当成矿围岩为碳酸盐岩时,主要形成矽卡岩铜矿和块状硫化物矿体,有时在岩体内出现斑岩型铜钼矿体(城门山);围岩为碎屑岩时,矿化富集在斑岩体内,形成大脉型块状硫化物或细脉侵染型铜矿。矿集区由近 30 个中酸性浅成—超浅成小侵入体构成长约 50km 的北西西向岩带,是成矿构造的浅表响应。在成矿物质来源充分的情况下,构造对成岩成矿起着十分重要的作用。矿集区区域性深断裂控制着北西西向含矿岩带的分布,北西、北东—北东东、北北东盖层断裂结点联合制约含矿岩体和矿床的空间就位、层滑(层间)断裂带、接触构造带、断裂带、裂隙带及泥盆系五通组与石炭系黄龙组之间等岩性差异面分别控制不同类型矿体的产出。对大型矿床而言,同一矿床往往受多种构造类型的复合控制,造成多种类型矿体以含矿岩体为基础在同一矿床中共存产出(即"多位一体")。矿化分带自岩体内向外依次具有岩体内的 Mo(Cu)带(产于岩体中心之中深部位的斑岩型钼铜矿)→接触带的 Cu 带(产于岩体边部内外接触带的斑岩型和矽卡岩型铜或铜金矿)→岩体外的 Cu、S(Au、Ag、Pb、Zn)带(分布于围岩并受五通与黄龙组之间层滑断裂带控制的似层状矿体)的球面分带规律。矿集区内矿床尤其是中大型矿床具有多种矿床类型共生构成复合矿床的特点,如斑岩—矽卡岩—块矿硫化物复合型矿床(城门山)、斑岩—

隐爆角砾岩—矽卡岩复合型矿床（封山洞）、矽卡岩—块状硫化物复合型矿床（武山）、隐爆角砾岩—块状硫化物复合型矿床（洋鸡山）等。同时，就单个矿床而言，多矿种共生的现象也十分普遍。

（二）铜陵矿集区成矿类型及成矿规律

铜陵地区内生金属矿床主要形成于燕山中、晚期，空间上可以概括为"矿床的横向迁移，矿体的螺旋状就位"和"一个'中心'，两个'带'"的分布特征。即矿床分布从西向东呈现越来越新的趋势，各矿床中主矿体的就位沿接触带按逆时针方向呈阶梯状旋转叠置，赋矿层位越来越新；一个"中心"是以岩浆侵入作用为中心形成矿田范围内的分带；两个"带"则是区域范围内的北铁、南铜带。这一分带现象可能为区域沉积作用对成矿控制的反映，受构造网格控制，矿床分布具等距性。本区垂向上存在着三层结构：（1）在上、下地壳之间的C层附近发育3个岩浆活动中心（深部岩浆房）；（2）上地壳下部发育北北东（北东）向和北西向两组断裂，构成网状系统；（3）上地壳上部发育三个"环带状"构造及"口"字形扭动构造，且分布范围与C层三个岩浆中心相对应。

垂向上的三层结构，由长江断裂带将其自上而下联通，构成了一个统一整体。长江断裂带在第二、第三层上即开始发育，局部地段深达第一层。其南西段主要是追踪北岸北北东向盛桥—宿松段，中段与北西西向矾铜断裂相复合，北东段则是追踪南岸的北北东向马鞍山—铜陵段，从而形成了一条大型"锯齿状"追踪性断裂。其中马鞍山—铜陵段和矾山—铜陵段，下切到上、下地壳之间的C层，与该深度的幔源岩浆中心相连通，这由该区分布的高钾钙碱性侵入岩和橄榄安粗性火山岩（及潜火山岩）而突显出来。而贵池—东流段主要分布钙碱性岩石，更接近于南部壳源岩浆中心。

由长江断裂带所串通起来的三层结构是控制安徽沿江地区的构造格架、岩浆活动和成矿作用的关键因素。长江追踪性断裂发育地段岩浆活动强烈，成矿作用好，而未被追踪的巢县—江浦段和贵池—东流段则岩浆活动减弱，铜铁成矿作用也相对较差。在长江断裂拐点的庐纵、铜陵地区岩浆活动极为强烈，成矿也极为有利，尤其是铜陵地区既是长江断裂的拐点，又处在三个岩浆中心的纽带部位，加上扭动构造的作用，因此是大型—超大型矿床产生的有利地区。

深部柱状岩浆房所反映的地幔喷流柱（plume）证明了幔隆的存在。通过对燕山期岩浆岩（白芒山岩体、青山脚岩体和南洪冲岩体）的常量元素分析得出：岩体的初始岩浆来源于 EM I 型富集地幔，在区域性地壳拉张环境中，由地幔物质上涌熔融下地壳形成的岩浆储存在深部岩浆房并主要发生结晶分异作用形成。燕山晚期由于太平洋构造域的影响，区域处于拉张—伸展环境，岩石圈的减薄作用可能引发岩石圈地幔的部分熔融，大约有 70% 的下地壳物质的加入。幔隆及其地幔喷流注（plume）可能是导致沿江地区出现拉伸的动力机制，也是导致长江断裂带等追踪性断裂产生的原因。

本区绝大部分内生矿床均处在莫霍面隆起带部位，陆内变形断陷期。由于板内拉张断陷，地幔上隆、地幔喷流柱形成，地壳减薄，下地壳物质的大量加入导致地热场上升，幔源岩浆和壳源岩浆上侵，这是本区成岩成矿带的动力学机制。

安徽沿江主成矿带主要处在董岭式基底之上，基底不仅在空间上与矿带的分布关系密切，而且基底的物质成分也加入了成岩成矿。本区不同构造单元的花岗岩具有不同的 Nd、Sr 同位素特征，表明其物质来源不同。根据本区成岩成矿的动力学机制，可推测出基底的成分影响了岩浆的成分，进而影响到成矿。本区成矿带主体落在董岭群基底上，故可认为董岭群基底是沿江成矿岩浆的地壳端元。根据南带的矿化特征（明显由沿江铜铁带向江南钨钼带过度和叠加特征，并有广泛发育的铅锌银矿化，构成了 W、Mo、Cu、Au、Ag、Pb-Zn 矿带），可推测其与该区的过渡性基底有关。因此，基底成分不仅与深部岩浆共同参与了成岩成矿作用，还提供了丰富的成矿物质，从而造成了区内矿床类型及矿物组合的多样性。

第二节　九瑞、铜陵集矿区地球物理探测与噪声研究

随着国民经济和社会的发展，地表资源勘查程度的提高，矿床发现的难度越来越大，必须增加勘探深度，向深部索取资源，以不断满足我国经

济高速发展的对资源的需求。长江中下游地区是我国重要的成矿带，有中国东部"工业走廊"之称。区内自20世纪50年代以来，已发现并勘查了一大批铜铁铅锌金银等大中型矿床，然而其深部隐伏的大量矿产资源尚未被发现。

地球物理方法无疑是寻找深部隐伏矿产资源的有力手段，尤其是电磁法，在勘查深部结构和金属矿方面有着不可替代的作用。在矿集区，矿山的开采、冶炼和与其配套的重工业密集，形成了复杂的电磁噪声和人文噪声。研究矿集区电磁噪声的特点、噪声源和噪声处理技术，对电磁法探测结果的处理和解释具有重要意义。

一、铜陵矿集区地球物理测量

（一）CSAMT 数据采集与预处理

在铜陵矿集区内，选择了狮子山顺安地区作为研究区，研究区为北西向的 2700m×1600m 的区域。电法测线号的排布为 1、21、41 等一直到 161 线，线距 200m，每条测线上点距控制在 50m 左右，CSAMT 共施工物理点 462 个。

CSAMT 测量采用的是加拿大凤凰公司生产的 V8 多功能电法仪。该系统使用三套 GPS 同步时钟，分别控制发射、接收主机盒子和辅助盒子，使得接收和发射完全同步。本次 CSAMT 数据采集采用赤道装置进行标量测量，一个排列采集六个测点的测深数据，AB 发射极距为 2km，位于研究区东北方向，接收极距 MN 为 50m，收—发距大于 6.5km，接收点在发射极 AB 中垂线±30°角覆盖范围之内，接收点首尾相连，进行 EMAP 法测量。供电电压 600~700V，电流 20A 左右。

通过分析各测点的视电阻率曲线，对单个频点视电阻率突跳现象进行原始数据的方差和相位分析，然后进行舍弃或圆滑处理；从单测点的整支视电阻率曲线看，存在明显的近源效应，可能是由于研究区内存在较厚的高阻灰岩地层的关系，分析曲线特征并查看时域信号后，将进入近区场的频点舍弃，只选用满足远区场条件的各频点数据进行反演和解释。

对各测点选取满足远区场条件的频点后，为确定单条测线的统一性，分析了每条测线的静态效应，在相邻测点间的视电阻率值没有明显差异，仅在 21 线（测线 800～900m 处）和 101 线（1100m 处）的首支 4 个频点（1707～2844Hz）存在视电阻率值突变现象，显示出轻微的"挂面条"现象，但在低频段（即深部），这种差异又明显减弱。由此可见，测线不存在明显的静态效应，故在反演前未做静校正。通过以上噪声、近源效应、静态效应的分析和处理后，挑选出满足远区场条件和整体统一性的 CSAMT 观测数据。

（二）重磁数据采集

重磁数据采集分为点位测量、重力测量和磁法测量三部分进行。

测区内，测线号的排布为 1、6、11 等一直到 161 号线，每条线点号为 1、3、5 等一直到 271 号点，中间有些地方有跳点。为了计算方便，将测量数据坐标进行旋转，测点分布如图 6-1 所示。

将重力数据整理后得到平剖图（图 6-2）和平面等值线图（图 6-3）。

异常计算前需要已知重力点的坐标、高程值，异常计算后的异常值可能为负值也可能为正值，也可能数字较大，这与我们自己选择的基点重力值有关，可以把全部的异常值数据同时加上（或减去）一个常数。

测量数据受地形影响很大，需要做必要的改正，主要有地形改正、布格改正（中间层改正和高度改正）以及纬度改正。地形起伏如图 6-4 所示，地形高程范围是 4.7～99.0m。取密度参数 2.7g/cm³，进行地形改正得到重力分布图（图 6-5）。之后又进行了布格改正，得到布格重力异常图（图 6-6～图 6-8）。

布格改正计算公式为：$\{\Delta g_b\} mGal = (0.3086 - 0.0419\{\sigma\}_{g \bullet cm^{-3}})\{h\}_m$，式中 Δg_b 为布格改正值，σ 为起伏地形的平均密度，h 为高度。本次处理采用 σ =2.7。

第六章 九瑞、铜陵集矿区综合地球物理研究

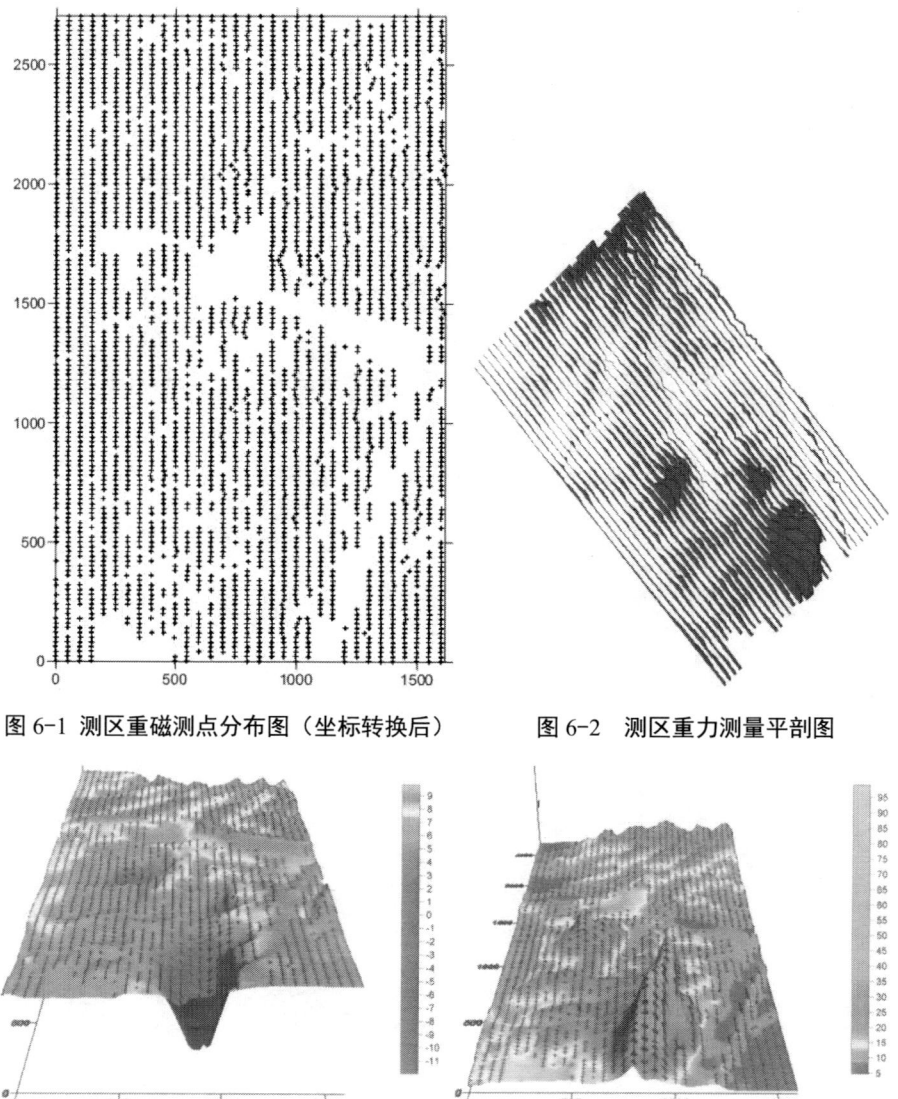

图 6-1 测区重磁测点分布图（坐标转换后）　　图 6-2 测区重力测量平剖图

图 6-3 重力测量数据平面等值图　　图 6-4 测量点的高程分布图

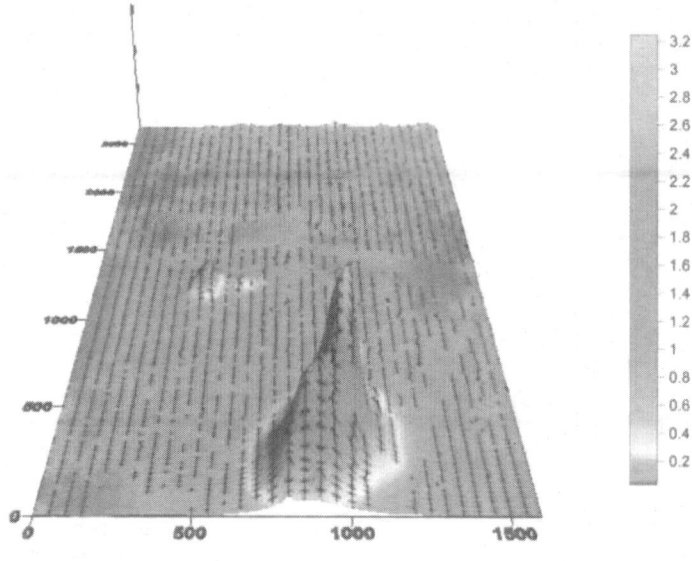

图 6-5　地形影响（地改）重力分布图

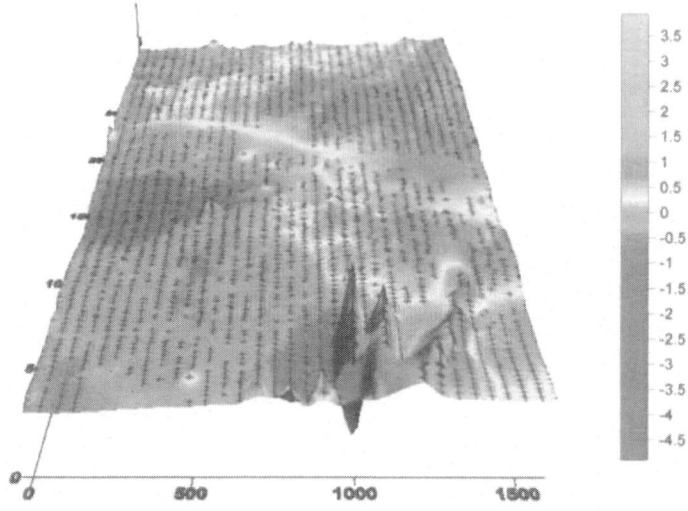

图 6-6　布格重力异常分布图（布格改正后、地改前）

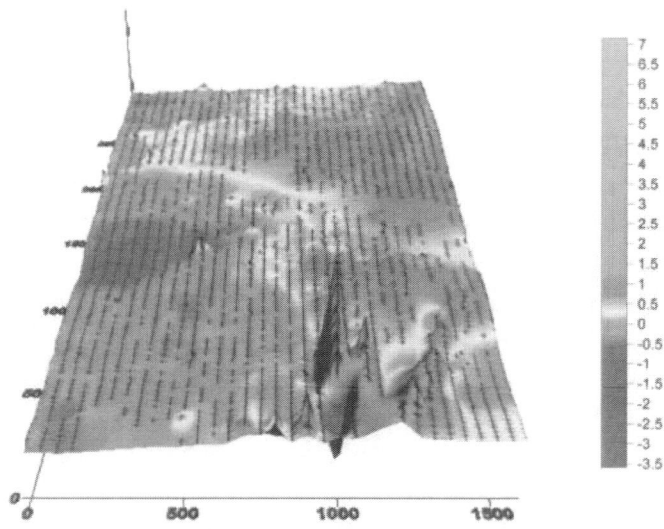

图 6-7 布格重力异常分布图（地改后）

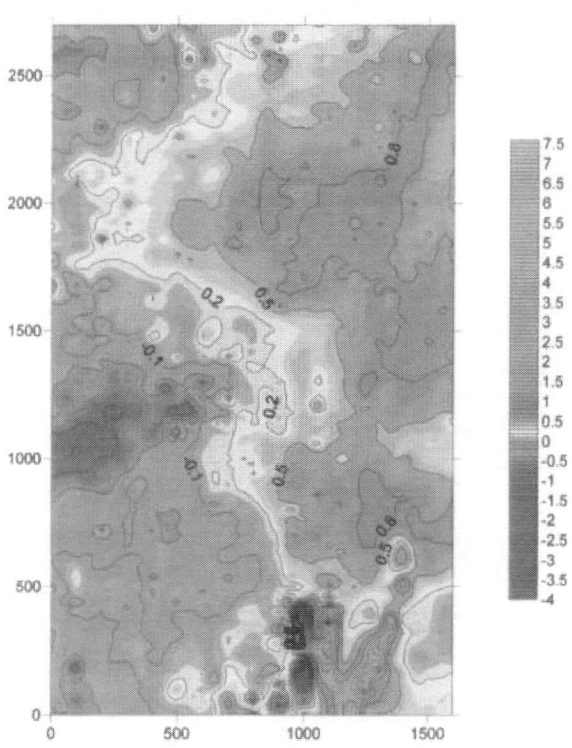

图 6-8 重力布格异常平面等值线图

将地面高精度磁测数据整理后得到平剖图（图 6-9）。

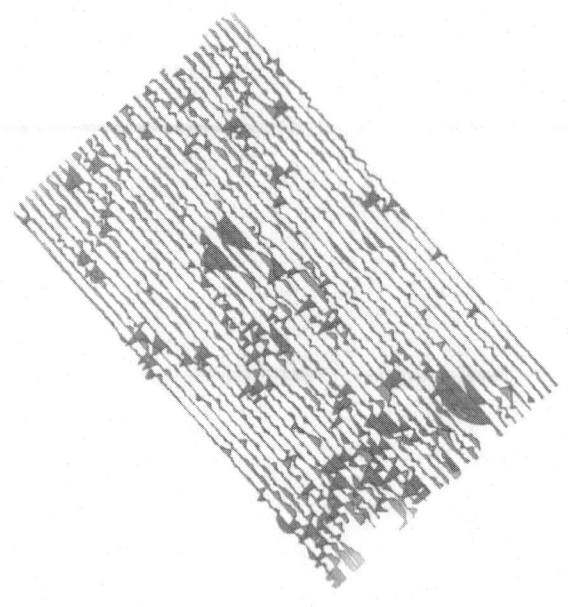

图 6-9　测区磁测平剖图

进行日变改正用 MagCorrection.exe 进行处理，向程序中导入圆滑后的台站数据和测量数据，就能算出经过日改的磁异常，得到如下结果（图 6-10 和图 6-11）：

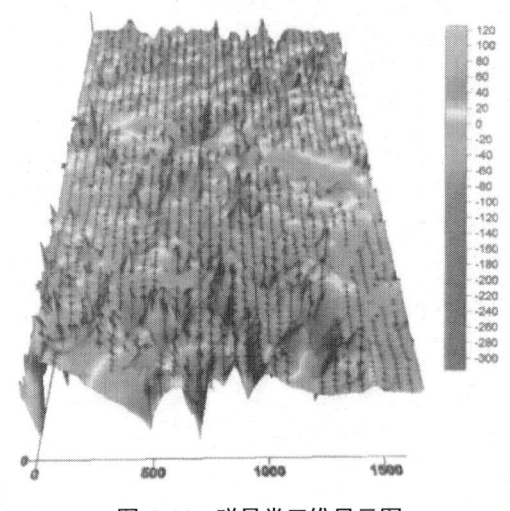

图 6-10　磁异常三维显示图

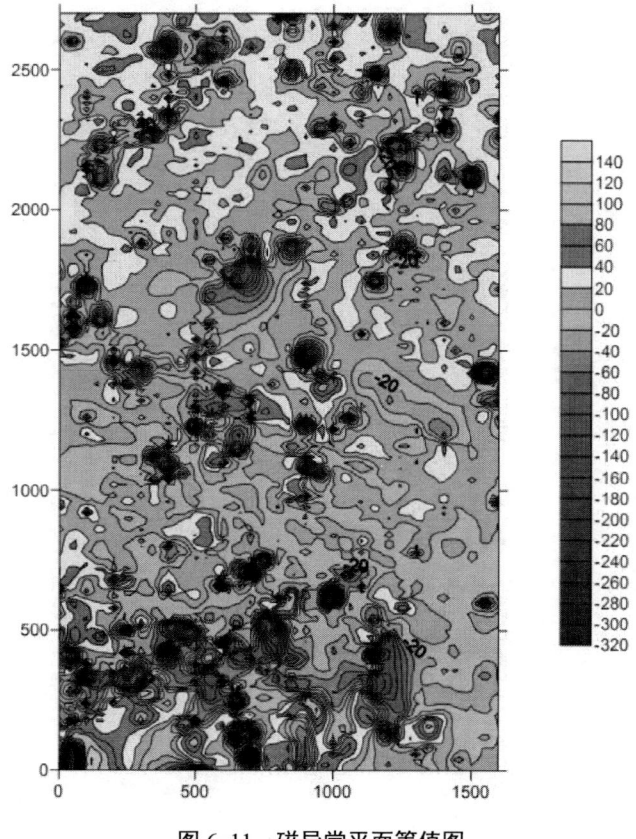

图 6-11 磁异常平面等值图

二、九瑞矿集区大地电磁测量与噪声处理

（一）大地电磁测量

本次大地电磁测深的测量工作采用加拿大凤凰公司生产的 V5-2000（MTU-52）仪器，在九瑞矿集区内进行了剖面测量。剖面线自湖北省富池镇的封山洞地区，沿江西省瑞昌市的邓家山、燕山、北亭至九江县境内新塘镇、新合镇、岷山乡，终至庐山脚下原江西仪表一分厂，剖面线全长 58km，83 个物理点。

（二）大地电磁场和噪声

1. 大地电磁场特征

大地电磁测深所观测的是天然瞬变电磁场，主要由太阳风与地球磁层、电离层间复杂的相互作用和雷电活动等地球外部场源引起，具有很宽的频率范围，大致从 10^4Hz～10^{-4}Hz。

大地电磁场在形态上可分为三类：雷电干扰、磁暴与磁亚暴、地磁脉动。雷电干扰（或称天电）主要指大气圈中的放电现象所引起的电磁干扰，频率大于 1Hz。磁暴与磁亚暴是指磁场强度变化剧烈，尤其是水平分量变化很大，呈现极不规则形状。根据磁暴出现的形式，磁暴可分为急始型（SC）磁暴和缓始型（GC）磁暴，磁亚暴多半出现在极区，因为其形状像海湾，所以又称湾扰或磁湾。地磁脉动是一种具有似周期振动的特殊的短周期振动，其振动周期大致为 0.5s 到 1000s。

大地电磁场在时间上具有随机性和规律性特征。经过长期观测，天然电磁场出现的时间具有一定的规律性，如太阳黑子活动有 11 年的周期，大地电磁场也有 11 年的周期，但不能准确确定天然电磁场出现的时间。空间上与维度有关，一般是高纬度区强于中纬度区，但雷电干扰形态的电磁场确实低纬度区强。

大地电磁场的频谱在不同的地区、不同时间、不同的频段存在明显差异。从电磁场强上，大致可分为三个频段：A 段 0.0001～0.05Hz；B 段 0.05～7Hz；C 段＞7Hz。A 段为低频段，随着频率的降低，电磁场强度逐渐增强，大约每倍频程增加 8～10dB，并在某些频率点上出现极值；B 段为中频段，电磁场的强度最弱，特别是在 1Hz 左右，电磁场的强度最小，即为平常所说的"噪声洞"；C 段为高频段，电磁场强度随频率的增高而增强，在 2kHz 左右有一个局部极小值。

大地电磁场的极化特征指的是大地电磁场的电场矢量和磁场矢量在方向上随时间变化的特征。天然电磁场极化特征与场源性质有关，尤其是磁场水平分量，它受地下介质电性的影响较小，较多地具有原始场的特征。磁场极化特征研究结果表明：不同周期的场和不同时间的场的极化方式具有明显的差异。

2. 大地电磁测深噪声

大地电磁法中的视电阻率计算公式是卡尼亚视电阻率公式。然而，大地电磁测量得到的电磁信号并不是只有天然场源产生的平面电磁波，还包括各种噪声源产生的电磁波。如果我们将噪声源看成是由接地电流和不接地电流所产生的，则可以将噪声源分别看成电性源与磁性源。

对于电性源，其视电阻率计算公式：

（1）当$|k_1 r| \gg 1$时，成为远区，可得到由E_x，H_y，$\dfrac{E_x}{H_y}$定义的远区视电阻率公式

$$\rho^{\frac{E_x}{H_y}} = \frac{1}{\omega \mu} \left| \frac{E_x}{H_y} \right|^2$$

（2）当$|k_1 r| \ll 1$时，称为近区，得到E_x，$\dfrac{E_x}{H_y}$定义的近区视电阻率公式

$$\rho^{\frac{E_x}{H_y}} = \frac{r \sin \varphi}{2(3 \cos \varphi^2 - 1)} \left| \frac{E_x}{H_y} \right|^2$$

在远区，电磁波可看作不均匀的平面电磁波，视电阻率值与测点位置无关，只与频率和地下介质电性有关。此时的卡尼亚视电阻率公式有效，能够反映地下电性结构，也就是说噪声源已经成为大地电磁场的有效信号。

在近区时，噪声源导出的视电阻率已与卡尼亚视电阻率公式不同，噪声源以近场或过渡区特点成为MT测量中的干扰源。

均匀半空间模型的视电阻率曲线（图6-12）显示，随着收发距的加大，满足远区场条件的频率越来越低。这是由于电磁波在地层中传播时存在能量消耗，某一频率的电磁波在地层中传播一定距离后，能量就会衰减殆尽，只剩下由源辐射出的相同频率电磁波，此时满足远区场条件，由卡尼亚电阻率公式计算得出的视电阻率值反映了地层的电阻率，曲线的形态反映了地层的

结构；当地层电阻率一定时，随着频率的降低，电磁波在地层中传播时的能量衰减速率降低，地层波能量衰减殆尽前传播的距离较远，当固定收发距时，测点将随频率的降低逐渐进入近区场，此时测点的电磁波已不能满足平面波条件，由卡尼亚公式计算得出的视电阻率值已不能反映地层电性结构；图中反映出在过渡区，视电阻率曲线呈30°渐近线趋势上升，在近区，视电阻率曲线呈45°渐近线。

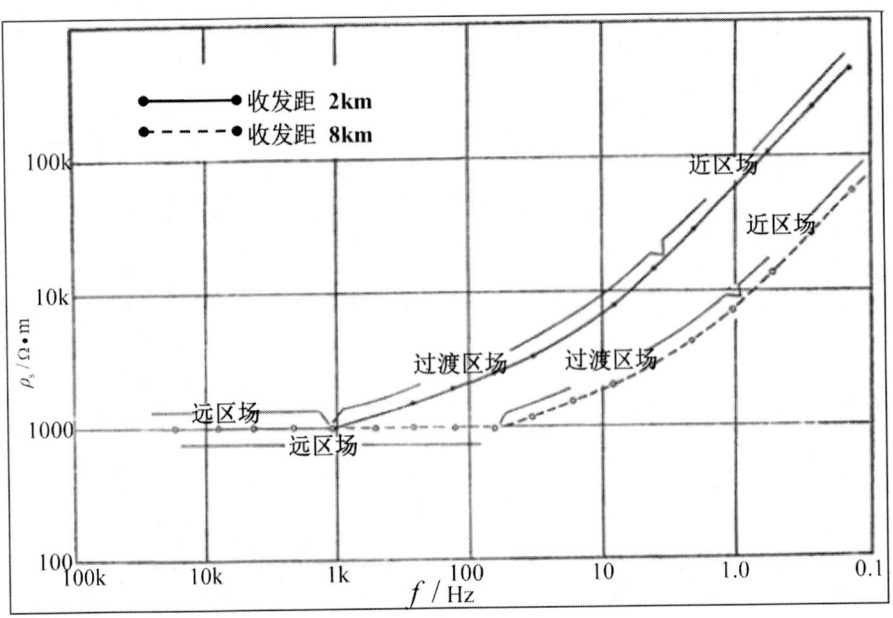

图 6-12 均匀半空间表面 Cagniard 视电阻率曲线（介质电阻率 1000Ω·m）

在实测数据中常会遇到上述的近源效应，其视电阻率曲线与图 6-12 曲线的特征极为相似。图 6-13 为九瑞矿集区大地电磁测深视电阻率曲线，该曲线在高于 0.25Hz 的频段整体连续、光滑，上升趋势近似 45°，且存在明显的过渡区和近场区，表现为典型的近源干扰。

通过以上公式推导及视电阻率曲线特征分析，得到以下认识：

（1）大地电磁测量中用到的是平面电磁波，地层波属于干扰电磁波。

（2）卡尼亚公式只适用于平面电磁波，用其计算地层波时得到的视电阻率数据已不能反映地下结构，此时视电阻率曲线呈 45°渐近线趋势上升，属于近源效应。

(3)电磁波的高频部分比低频部分更早进入远场区,所以在 MT 数据中,一般中低频部分易受到的近源污染。

(4)地下介质的电阻率相同时,收发距越小,近源干扰的频率范围越广。

(5)收发距相同时,地下介质电阻率越高,近源干扰的频率范围越广。

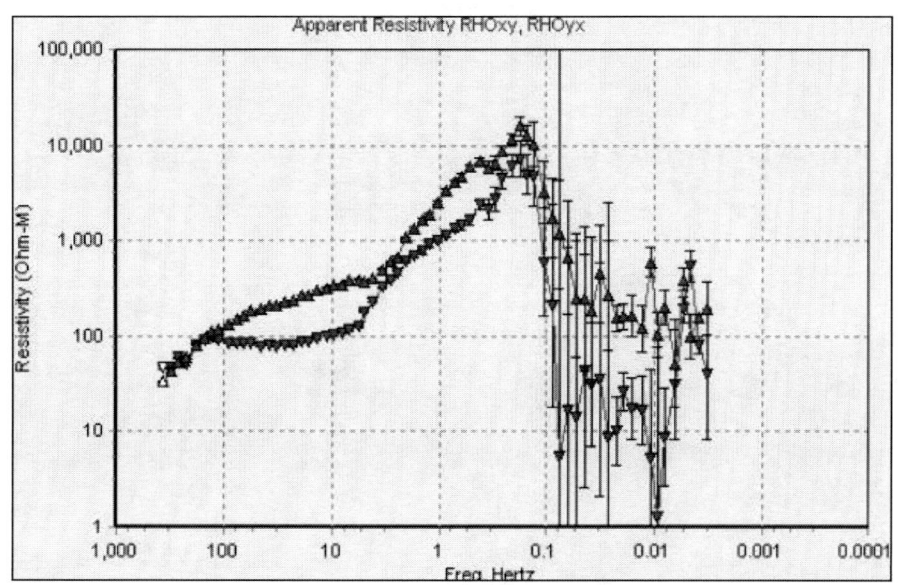

图 6-13 矿集区大地电磁测深视电阻率曲线

(三)矿集区电磁噪声特点

从大地电磁测量结果中分析得出,受到噪声干扰的矿集区大地电磁测深视电阻率曲线多表现为近源效应(如图 6-14),同时存在一些曲线上单个频点视电阻率突跳和方差过大现象。本节以 MT 时域信号为基础,参考视电阻率曲线的形态分析测点的噪声,研究矿集区的噪声类型和噪声源,为准确识别噪声信号和噪声源提供依据。

图 6-14 为矿集区内某测点视电阻率曲线,由 Ey 道(东西向电场)与 Hx 道(南北向磁场)计算得出。由图可见,频率大于 10Hz 时曲线形态较平稳,视电阻率大小为 100Ω 左右,但相邻频点视电阻率差距较大,曲线不够光滑。从 10Hz 开始,曲线以 45°左右渐近线快速上升,且曲线较为圆滑,表现为典

型的近源特征。

在 0.17Hz 时，视电阻率值竟然达到 10000Ω 以上，是首支视电阻率值的近 100 倍，且曲线走势趋于平稳。当频率小于 0.05Hz 时，视电阻率值突然迅速下降至 20Ω 左右。

对出现严重干扰的测点数据时间序列分析发现，电道和磁道均出现了周期性的突跳、波动等信号，这些信号与稳定的天然电磁场信号相比，具有振幅大、能量强、周期性明显等特征。因此，将时域信号中出现的明显非天然电磁场的信号定为噪声信号，并根据其在时域中的波形分为脉冲噪声、周期噪声、三角波噪声、阶跃噪声、充放电模式噪声和方波噪声。

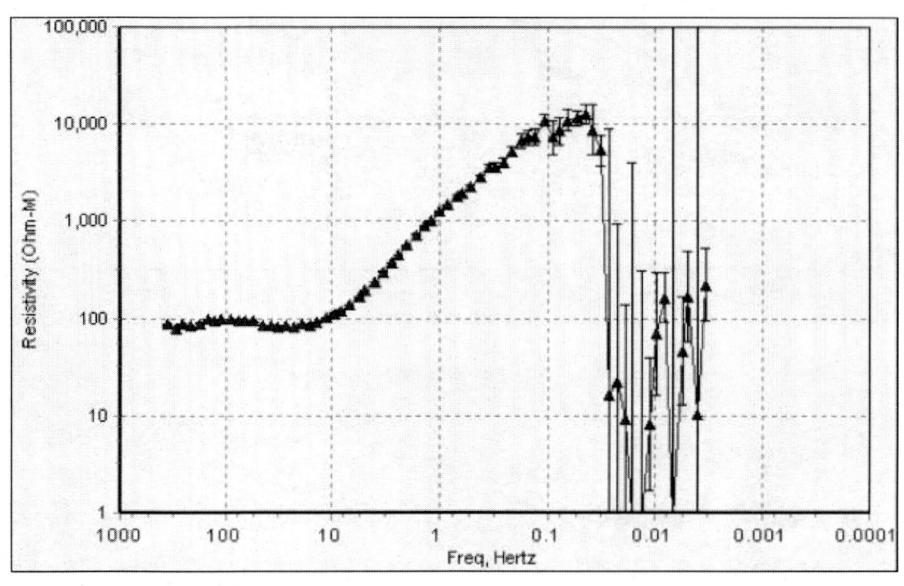

图 6-14　研究区某点视电阻率曲线

1．脉冲噪声

此类噪声比较典型，在九瑞矿集区 MT 时间序列中普遍出现，电道和磁道均受到其影响。通过分析大量实测数据发现，此类干扰多出现于电场中，磁场信号中也时常可以看到，但对应电场脉冲噪声的磁场噪声信号多表现为衰减性质。其特征总结如下：

（1）振幅往往高于正常信号的许多倍。

（2）多存在于电场中，有时在磁场中也可发现，时而相关，时而非相关。当脉冲噪声只出现在电场中，计算出的视电阻率值将严重偏大；出现在磁场中，计算出的视电阻率值严重偏小。

（3）频率范围极宽，影响到所有频率的观测数据。

2．周期噪声

此类噪声较为常见，在 MT 时间序列中多表现为 50Hz 左右的工业谐波干扰，其形态以频率 50Hz 为基波的整数倍正弦谐波（如 100Hz、150Hz、200Hz 等谐波）为主。总结特征如下：

（1）形态规则且能量强，几乎完全淹没正常电磁信号。

（2）此类噪声不仅影响 50Hz（基波）的阻抗计算，其谐波也在相应频率造成干扰，奇数次谐波干扰尤为严重。从频谱上可以看到 50Hz、100Hz、150Hz、200Hz 等处存在明显波峰，150Hz、250Hz、350Hz 等奇次谐波处的能量更远大于其他频点。

（3）此噪声为相关噪声，但对电场影响较大。该噪声一般只对其主频和谐波频率上的阻抗计算产生较大的影响。

3．三角波噪声

一般只影响磁场信号，在时间序列中，噪声曲线突跳明显，其形态为不规则的三角波形，可影响多个采样点。研究区内该噪声特征为：

（1）通常在磁道观测信号中出现，且为磁场相关噪声，电道及少受其影响。

（2）噪声局部能量较强，将正常磁场信号完全淹灭。

4．阶跃噪声

该类噪声形态呈台阶状。主要表现为噪声曲线缓慢上升，达到一定高度后急剧下降，造成曲线整体严重错开，前后存在很大差值。其特征总结如下：

（1）该类噪声干扰的频率范围较大。

（2）噪声干扰强。

5．充放电模式噪声

此类噪声在矿集区内频繁出现，对阻抗计算造成很大影响。形态上虽类似于三角波噪声，但该类干扰一般都以正负相接的形式出现，并且各噪声的形状也及为相近。特征如下：

（1）形状规则，出现频繁。

（2）相关性较好，在电道、磁道几乎同时出现。

（3）噪声的主要频率范围在 0.05～1Hz 之间，干扰强度大。

（4）该类噪声常在某一时间段集中出现，持续时间不定。

6．方波噪声

此类噪声是在矿集区内影响强度最大的一类噪声，可造成数据分段整体偏移，且无规律性，其幅度比宽度影响的频率范围更广，而且当宽度变窄时，影响范围向高频方向扩展，如方波噪声大量出现于数据中时，计算得出的视电阻率曲线往往表现为明显的近源特征。其主要特征如下：

（1）噪声的频率范围主要在 0.01～100Hz 之间，可使单测点数据的所有频段受到干扰。

（2）此类噪声仅对电场数据造成干扰，并具有很好的相关性。

（3）噪声影响强度大，严重时可造成电道曲线整体漂移。

（四）矿集区电磁噪声源分析

矿集区内采矿业发达，国有大中型矿山井下存在大功率直流电力牵引机车，造成大范围的电磁干扰，成为研究区最主要的干扰源。民间开采造成的震动干扰和低频干扰也时常发生。另外，区内城市游散电流、公路、铁路、无线电通讯塔、载波电话、高压线等也对实测数据造成较大的影响。

1．矿山干扰

九瑞矿集区内大地电磁测线西北段存在鸡笼山金矿、封山洞铜金矿、武山铜矿和洋鸡山金矿等四处正在开采的大中型井下矿山，其井下矿石运输采用的是多台大、中功率直流电力牵引机车。根据实地调查，其单台机车的工作电流为 84A，短路时可高达 400A 左右，且回路为直接嵌入基岩的铁轨，不仅形成了大电流的回路而且存在大规模的地下游散电流。井下牵引机车一般有几台至数十台同时工作，24 小时分三个班次不间断作业，工作电流的通、断时间不定，造成不同时间、不同频率的电磁场干扰。另外，矿山开采时，其大型机械（如碎石机、风钻、电力铲车等）的启动、关闭或负荷的改变，都将产生电磁干扰。

2. 无线通信设施干扰

矿集区内，由于矿产丰富，经济较为发达，区内无线通信设施较为完善，移动、联通及小灵通基站随处可见。这些发射塔一般呈蜂窝状排列。由于九瑞地区山地居多、地形复杂，为降低障碍物对通信信号的屏蔽作用，该地区发射塔的间距普遍较小。

无线通信的信道一般为多径衰落信道，发射的信号受到山地或树木等阻挡，要经过直射、反射、散射等多种传播路径才能到达接收端。无线通信的收发信号频率一般都在兆赫兹以上，在传播过程中，波长和传播速度要发生变化，导致部分信号差频，使频率降低，形成许多包络状杂乱无章的假信号。另外，通讯基站的电力供应基本采用地下电缆供输高压电，并自配稳压器、配电箱等设施，相当于一个小型变电站，随着基站负荷的变化，基站附近区域形成了不规律的地下游散电流。通信信号的衰减和基站产生的游散电流，严重干扰了天然电磁场，使其不能满足平面波的性质，导致在 MT 测量结果中，视电阻率曲线不够光滑和近源等特征。

3. 其他人文干扰

矿集区内电力传输线网密集，50Hz（及其谐波）干扰时常可见，其供电供率不稳形成的包络信号，同时也是低频噪声干扰源，特别是区内的农村电网为节省投资，将大地作为一相传输线的"两电一地"的供电方式，也对附近的电道数据产生严重干扰。

区内电话线、电视闭路线随处可见。其中农用电话线路居多，并采用模拟信号的传输方式，信号全频率范围在 0～3000Hz 之间，其原理是将音频信号附加在线路的直流电上，使其电压伴随音频信号的变化而变化，从而将音频信号传送出去。电话线辐射使观测数据产生众多杂乱无章的假信号，大大降低了信噪比。尤其部分农话线路为节约成本而使用非绝缘线，更加大了干扰的距离和强度。

区内火车、汽车来往繁忙，采石场爆破时间不统一等，时常产生大强度脉冲干扰及复杂的低频干扰。另外，测线周边有瑞昌市、九江市、武穴市等行政市区，产生的城市游散电流对数据的干扰也不容忽视。

（五）去噪方法和应用效果

大地电磁测深基本理论提出至今，噪声问题一直困扰着广大 MT 研究者。如何抑制噪声，提高 MT 数据质量，是国内外瞩目并不断取得进展的课题。而矿集区内的电磁噪声尤其强烈，在 MT 测量时，数据将受到严重污染，因此，研究噪声消除和压制技术对于提高 MT 数据质量具有明显的意义。

1. 远参考法在矿集区实测数据中的应用效果

从理论上看，远参考法可以很好地提高数据的信噪比，然而，在应用远参考法处理矿集区 MT 数据时，很多测点的数据改善程度却很低。以九瑞矿集区 MT 测线上的 j-74 号测点和 j-29 号测点为例，研究了远参考法在抑制矿集区强噪声中的效果。

j-74 号测点位于九江县庐山脚下，距离该测点最近的大型矿山—城门山铜矿，与测点距离超过 20km，105 国道从测点西侧 1.2km 处经过，另外该测点由于位于庐山景区附近，人文噪声较为严重。j-29 号测点位于瑞昌市境内，洋鸡山金矿的西偏北方向，距离矿区 4km 左右，测点的北东方向 6.5km 处有大型矿山—武山铜矿，该测点受矿山噪声影响较为严重。

通过这两个测点以及矿集区其他测点的实例分析，得到如下结论：

（1）远参考法可以很好地改善高频段的数据质量。这是由于高频电磁信号在地层中衰减很快，测点和远参考点受到的高频噪声干扰为不相关噪声；同时，j-29 号测点距离矿山 4km，受到干扰的高频段噪声信号能量也较低。

（2）远参考法能较好地改善大地电磁场弱信号数据质量，尤其是噪声洞频段信号，只要数据观测的时间足够长，对低频部分改善效果也较为明显。

（3）远参考法可以抑制噪声能量较轻的人文噪声，但对矿山干扰造成的近源效应却无能为力，尤其当原始数据中存在方波噪声、阶跃噪声、三角波噪声以及充放电模式等强能量干扰时，数据质量改善效果更差。

2. 小波去噪

小波变换具有多分辨率的特点，能够较好地表征信号局部特征。傅立叶变换不能分析时域信号中的局部特征，无法从时域数据中分析任一时间点附近区间的波形,小波变换能够弥补这一缺点,因而被逐步应用到地球物理在数据处理中。

本节以矿集区内干扰较大的脉冲噪声、充放电模式噪声和方波噪声为例,研究小波去噪效果。

从以上实例分析可以发现:

(1) 当噪声波形种类较少且能量很大时,如脉冲噪声和方波噪声,小波去噪效果较好。然而,小波分解与重构相当于带阻滤波技术,消除这些噪声的同时却牺牲了部分有用信号。

(2) 当噪声波形复杂且部分噪声能量相对较弱时,去噪效果不理想。既含大能量的脉冲噪声、三角波噪声、方波噪声,又受其他小能量噪声影响,多种强弱不一的干扰交杂在一起使时间序列曲线突跳严重,进行小波去噪处理后,大能量噪声虽得到压制,却损失了很多有用信号;小能量噪声的消除效果非但不明显,反而在去噪的同时又添加了部分人为噪声。

国内外利用小波分析消除 MT 噪声的技术仍处于起步阶段,目前只适合消除能量强、种类较单一的噪声数据。当测点受到较为复杂的噪声干扰时,小波法并不能发挥良好去噪作用,且负面影响较强。

3. 人机联作去噪法原理及应用效果

人机联作去噪法是基于可视化技术的思想,将 MT 原始数据通过计算机图形界面显示出来,并使用人机联作的方式去除噪声的方法。这种去噪方法目前在国内应用还不广泛。德国 Metronix 公司研发 GMS-06 配套电磁测量实时处理系统(Mapros)具备该功能,其实际去噪处理时将噪声部分用直线或趋势线代替,虽能有效地降低噪声信号能量,但却牺牲了许多叠加于低频噪声上的有用信号,并不适用于处理那些观测周期长且噪声较多的数据。

人机联作去噪法的确能很好地改善数据质量,但操作时参与了太多人为因素,而且耗费的时间和精力很多,因此操作者必须具备丰富的噪声识别经验,否则会适得其反。然而,人机联作去噪后再采用 Robust 去噪处理,就能取得良好的去噪效果,这就可以适当地降低人机联作去噪时的精度要求,也能减少去噪操作是的人为因素,提高了数据的客观性和实效性。因此,人机联作和 Robust 去噪技术组合的去噪方法在去除矿集区规律性差、能量强、影响频率范围宽的强电磁噪声信号中取得了良好效果。

第三节　岩石物性与地球物理场特征分析

一、岩性物理分析

（一）地层岩石电性特征

九瑞和铜陵矿集区存在着相似的沉积盖层环境，在地层和岩体方面具有非常相似的地质特征，因而可以判断，它们具有相似的岩石物性特征。根据九瑞矿集区地层电性数据和铜陵矿集区的岩石电性数据可以分析得出，自地表第四纪沉积层开始至下震旦纪，存在五个电性层，即第四纪和第三纪、中三叠统—中石炭统、上泥盆统—上奥陶统、中奥陶统—下奥陶统、上震旦—下震旦，以及四个电性界面，即第三系—中三叠统、下二叠统—中石炭统、上奥陶统—中奥陶统、下奥陶统—上震旦。

第一个电性层（第四纪和第三纪）为低阻层，平均电阻率小于 $50\Omega \cdot m$。

第二个电性层（中三叠统—中石炭统）为高阻层，电阻率值达到 $10000 \sim 30000\Omega \cdot m$。

第三个电性层（上泥盆统—上奥陶统）为中低阻层，电阻率为 $500 \sim 4000\Omega \cdot m$，主要为志留系大套低阻地层，而上奥陶统汤头组地层为该低阻层中电阻率最小的地层。

第四个电性层（中奥陶统—下奥陶统）为中高阻层，电阻率为 $5000 \sim 8000\Omega \cdot m$。

第五个电性层（上震旦—下震旦）为低阻层，电阻率值低于 $600\Omega \cdot m$。

从五个电性层上看，电性界面的电阻率差异较为明显，只有上奥陶统—中奥陶统的电性界面差异较小。虽然界面之上为低阻的上奥陶统汤头组，然而起厚度较小且埋深较大，故这个电性界面在实测资料中不易显示出明显的电性差异。

以上是地层的电性特征,表现为纵向的电性差异。根据铜陵矿集区岩石的电性数据可分析得出:

矽卡岩与三叠系、二叠系地层电阻率接近,由于矽卡岩是由中酸性岩浆侵入到碳酸盐岩中,在接触带形成的岩石,故而不能通过电性差异判断出矽卡岩的存在以及规模;石英闪长斑岩的电阻率上奥陶统汤头组电阻率值接近,除去这一地层外,石英闪长斑岩体赋存于矿集区内其他任何地层中均有明显的低阻特征;石英闪长岩的电阻率值极低,与矿集区所有地层(第四纪和第三纪除外)均有明显的电阻率差异,为明显的低阻体;花岗闪长斑岩的电阻率值与中、下奥陶系地层接近,为中高阻体,当此类岩体赋存于上泥盆—上奥陶系地层中以及震旦系地层中时,表现为明显的高阻特征;大理岩的电阻率值变化范围较大,然而从大理岩的成因来看,其赋存于低阻的岩体周围,而且与其接触的围岩是高阻的碳酸岩,因而在电阻率上很难定量解释出大理岩的空间位置和规模。然而,各种侵入岩体、大理岩以及矿(化)体,在几何形态上表现为横向的差异和纵向的延伸。因此,虽然存在电性差异较小的不同岩石类型,但通过分析其几何形态,结合岩石类型的成因,还是能够通过电法资料识别出各种地层和岩石类别的。

(二)地层岩石密度特征

依据地层岩石密度数据分析,可将矿集区地层大致分为五个密度层(第四系和第三系、中三叠统—中石炭统、上泥盆统—中奥陶统、下奥陶统、震旦系)以及四个密度界面。

(1)第四系和第三系为低密度层,密度变化范围较大(1.832×10^3~2.487×10^3 kg/m³)依据地层厚度加权平均值为2.319×10^3 kg/m³。

(2)中三叠统—中石炭统为高密度层,除二叠系上统龙潭组密度较低(2.568×10^3 kg/m³)外,整个高密度层的密度值均在2.7×10^3 kg/m³左右。

(3)上泥盆—中奥陶统为中低密度层,该层密度值在2.5×10^3~2.6×10^3 kg/m³之间,与上覆高密度层具有-0.1×10^3~-0.2×10^3 kg/m³的密度差。

(4)下奥陶统为高密度层,该层密度值为2.811×10^3 kg/m³,为矿集区最高密度地层,与上覆低密度层之间密度差为0.264×10^3 kg/m³。

（5）震旦系为低密度层，尤其是上统，密度仅有 $2.2\times10^3 kg/m^3$，为矿集区内最低密度层，与上层高密度地层的密度差达到 $-0.604\times10^3 kg/m^3$。

矿集区内侵入岩体除石英闪长玢岩和辉绿玢岩外均为低密度岩体，但与上泥盆—中奥陶密度层的值相当；辉绿玢岩在矿集区内密度最高，石英闪长玢岩次之，但这两种岩性均比高密度地层的密度值大。地层间的密度界面受区域地层分布影响，引起宽缓变化的中低频重力异常，侵入岩体与地层的产状和密度差异较大，且多为局部差异，可以引起中高频重力异常。

（三）地层岩石磁性特征

依据地层岩石磁化强度分析，矿集区地层整体表现为低磁化特征，只有志留系地层略高。虽然各地层的磁化强度差异较小，但也可大致分为四层：

（1）第四系—上泥盆统低磁化强度层，该层磁化强度在 $10\sim40\,nT$ 之间，总体为低磁化强度，且各地层之间的磁化强度差异较小。

（2）志留系高磁化强度层，该层磁化强度 $50\sim70\,nT$ 之间，为区内中高磁化层。

（3）奥陶系低磁化强度层，该层磁化强度均小于 $10\,nT$，是区内磁化强度最低的地层。

（4）震旦系高磁化强度层，该层磁化强度 $50\sim60\,nT$ 之间。

矿集区内侵入岩体大多数为强磁化强度，尤其辉绿玢岩的磁化强度达到 $10000\,nT$，而花岗斑岩的磁化强度较低，只有 $20\,nT$ 左右。

由上可见，地层的磁化强度差异较小，受区内褶皱地层影响，地层引起的磁性异常强度不大，区内主要的磁异常应为侵入岩体引起。

二、地球物理场基本特征

地质结构和构造特征决定着地球物理场的分布特征，分析地球物理场的特征，研究引起地球物理异常的原因是解决地质问题的重要环节。本节针对九瑞矿集区中瑞昌幅的重磁场，进行重磁场特征和异常原因分析，揭示长江中下游矿集区中的第二类矿集区的重磁场特征。

（一）重力场基本特征

瑞昌地区布格重力异常总体上是北高南低、东高西低，且布格重力异常整体为负值，异常值为$-30.73\times10^{-5}\sim-13.57\times10^{-5}$ms^{-2}。图幅内重力异常呈现了北东东向的条带状分布，自北向南可分为四个条带，两低两高。在图幅东北角存在一个走向为北西向的高异常条带。

布格重力异常是由地下具有密度差异的各种地质体所产生的异常的总和。根据九瑞矿集区岩石密度资料分析，中三叠统—中石炭统的高密度层比上泥盆—中奥陶统的低密度层的密度值高$0.1\times10^3\sim0.2\times10^3$kg/m^3，中奥陶统和下奥陶统的密度界面为区内主要密度界面，该界面埋深小，且下层的下奥陶统比上层密度高0.264×10^3kg/m^3，而震旦系基底的密度值为全区密度最低，相比上层的下奥陶统地层密度值低0.604×10^3kg/m^3。从重力异常起伏看，重力异常总体反映了中、下奥陶统间的界面起伏和分布，图幅内存在一个由北东东向南西西方向的重力梯度分布，显示出奥陶系地层在图幅区西侧埋深较大，上覆为地层与其相比密度值较低。

由于图幅区域内存在大量的岩浆岩，局部地区存在密度值很大的辉绿玢岩和洋鸡山型的含矿石英闪长玢岩，导致重力异常形态与界面起伏和分布不完全一致，如图幅东北角存在一个北西走向的高布格重力带，中部北东东走向的高布格重力带在中西部截断等现象。由于基底震旦系地层是低密度地层，而且北东侧地层埋藏较浅，故这些异常反映出了在东北角存在一个北西走向的高密度岩浆岩体，在中西部存在一个北西走向的断裂。

从布格重力异常上延1000m的结果看，由浅部褶皱地层引起的北东东向重力异常条带已消失殆尽，由北西走向的高密度岩体引起的重力异常更加明显，低密度基底被显示出来。从图中看，其分布不均匀，西北角处还存在下奥陶系地层或高密度岩体，结合地质图判断其为高密度岩体；南部低密度震旦系地层分布不均且引起了宽缓的重力异常。可见褶皱沉积地层的厚度不大，基底埋深较浅，深部岩浆岩体较多，在区内共存在四处，整体走向为北西向。

（二）磁力异常基本特征

将地面磁测的结果经过化极处理后，使地下磁性体和磁异常呈垂直对应关系。分析化极磁力异常图可见，全区磁异常强度较低，大面积区域无异常，正磁异常主要表现为北西走向。

由岩石磁性资料分析可知，区内沉积地层的磁化强度均较低，不能引起明显的磁异常，虽可划分几个磁性层，但各层差异不大。而区内岩浆岩的磁性较强，能够引起较大的磁异常。因此可以认为，区内磁异常主要为岩浆岩的反映。对比布格重力上延1000m的异常图，区内正磁异常均对应于高密度体引起的重力异常，且形态相似；区内负磁异常与低密度体引起的重力异常对应较好。

（三）区域电磁场特征分析

重磁地球物理场是位场，只跟地下介质的密度和磁性有关，而电磁场不仅受地下介质的电性影响，还受各种人文环境的影响。同时，电磁场不同于重磁场的稳定性，它具有时变性。大地电磁测深的视电阻率值是采用平面波条件下的卡尼亚电阻率公式计算所得，然而矿集区内有众多的各种游散电流和电磁辐射源，导致区内电磁场杂乱无章，并含有众多非平面电磁波，因此产生了很多的电磁噪声信号。在满足平面电磁波的条件下，视电阻率曲线反映电磁波传播介质的电阻率特征，该特征受介质电阻率和厚度及产状的共同影响。

根据对电磁场的研究得出，在电磁波的传播过程中，高阻体由于电磁感应效应较弱，对电磁波的能量消耗较小，从而易于电磁波的传播，而低阻体的电磁感应效应较强，对电磁波能量消耗较大，尤其是高频电磁波，导致其穿透能力急剧下降。因此，区内各测点的视电阻率曲线差异较大。

根据矿集区的岩石电性特征，区内地层可分为五个电性层。各个电性层厚度不一样，电阻率差异也不一样，在大地电磁测深的视电阻率曲线上的特征也各不相同。但各测点的视电阻率曲线均呈现出中间频段低阻的曲线特征，表明至少存在一个低阻层。第一层为低阻层，视电阻率曲线首支视电阻率值较低（略高于 100Ω·m）；第二层为高阻层，视电阻率曲线上升（频率高于 50Hz）；第三层为低阻层，视电阻率曲线下降（频率 5~20Hz）；第四层为高阻层，视电阻率曲线上升（1~5Hz）；第五层为低阻，视电阻率曲线下降（频率小于 0.5Hz）。由于电磁波的趋肤深度与频率有关，不能依据频点的个数确定电性层厚度，从视电阻率曲线上只能定性地反映出地层的电性分布，结果证实其符合矿集区内地层岩石电性特征。为了确定各电性层的厚度和深度，尚需要进一步反演。

参考文献

[1]刘光鼎. 20世纪地球科学发展[J]. 地球物理学进展, 2000, 15（2）: 1-5.

[2]刘光鼎. 雄关漫道真如铁——论中国油气二次创业[J]. 地球物理学进展, 2002, 17（2）: 185-190.

[3]范正国, 黄旭钊, 熊盛青, 等. 磁测资料应用技术要求[M]. 北京: 地质出版社, 2010.

[4]高宝龙, 龚强, 舒秀峰, 等. 辽综合物探方法在金山店铁矿接替资源勘查项目中的应用[J]. 矿床地质, 2010, 29: 653-654.

[5]高勇浩, 刘建利, 高阳, 等. CSAMT法在深部找矿中的应用[J]. 西北地质, 2010, 43（2）: 135-142.

[6]葛纯朴, 康志强, 赖树钦, 等. 可控源音频大地电磁法（CSAMT）在复杂岩溶矿山水文地质勘探中的应用——以福建马坑铁矿为例[J]. 中国水运, 2007, 7（10）: 82-84.

[7]李庆阳, 王艳梅, 邓霜岭. 新疆若羌县阿尔金山脉里维齐明隐伏铁矿床地面磁异常特征[J]. 物探与化探, 2010, 34（3）: 286-288.

[8]李然菊, 李宏伟, 徐亚利. 河北省宽城县沙窝店地区地质—地球物理特征及找硫铁矿效果[J]. 化工矿产地质, 2009, 31（4）: 251-254.

[9]李士祥, 金旺林, 李莹莹. 高精度磁法在内蒙古铁矿普查中的应用效果分析[J]. 西部探矿工程, 2011, 4: 132-133.

[10]权开珠, 权开兄. 高精度磁测在白尕湖铁矿勘探中的应用[J]. 青海科技, 2011, 2: 77-81.

[11]施兴, 彭朝晖, 潘珮璋. 河北省航磁资料的研究程度与找矿潜力分析[J]. 物探与化探, 2009, 33（4）: 374-378.

[12]石教波, 谢玉玲, 徐九华等. 综合找矿方法在大冶铁矿深部勘查中的应用

[J]. 矿床地质，2006，S1：443-446.

[13]许令兵. 甚低频电磁法在河南省竹园铜矿的应用[J]. 中国地震，2001，28（11）：25-28.

[14]白大明，关继东，苏来柱. 甚低频电磁法在某萤石矿勘查中的应用[J]. 物探与化探，2002，26（1）：39-41.

[15]涂广红，江为为，朱东英，等. 综合地球物理方法对黄海地区前新生代残留盆地分布的研究[J]. 地球物理学进展，2008，23（2）：398-406.

[16]郝天珧，杨长春，王真理，等. 海区前新生代残留盆地油气研究的综合地球物理技术[J]. 地球物理学进展，2008，23（3）：731-742.

[17]曹寿孙，龚晓春，吉高萍. 相山铀矿田重磁场特征、成矿条件及找矿方向分析[J]. 铀矿地质，2007，23（4）：234-238.

[18]金永念，张登明，刘志平. 综合地球物理勘查技术在地热勘查中的应用[J]. 水文工程地质，2006，1：92-94.